解析东方经典庭院

上册

刘晔 樊思亮 编

中国林业出版社
China Forestry Publishing House

图书在版编目（C I P）数据

解析东方经典庭院. 上 / 樊思亮主编. -- 北京 ：中国林业出版社，2017.9

ISBN 978-7-5038-9270-7

Ⅰ. ①解 Ⅱ. ①樊 Ⅲ. ①庭院－园林艺术－研究－日本 Ⅳ. ① TU986.631.3

中国版本图书馆CIP数据核字（2017）第217711号

主　编：刘　晔　樊思亮

翻　译：黄晓晰　周　玥

特别感谢：井上靖　千宗室　西川孟　冈本茂男　中村昭夫
田畑直　大桥治三　柴田秋介

中国林业出版社
责任编辑：李　顺　袁绯玭
出版咨询：（010）83143569

出　版：中国林业出版社（100009 北京西城区德内大街刘海胡同7号）
网　站：http://lycb.forestry.gov.cn/
印　刷：固安县京平诚乾印刷有限公司
发　行：中国林业出版社
电　话：（010）83143500
版　次：2018年3月第1版
印　次：2018年3月第1次
开　本：889mm×1194mm　1 / 16
印　张：21.5
字　数：200千字
定　价：368 .00元

前 言

从汉代起，日本就受中国深厚文化的影响。到公元8世纪的奈良时期，日本开始大量吸收中国的盛唐文化，中国文化也从各方面不断刺激着日本社会。园林亦是如此，日本深受中国园林尤其是唐宋山水园的影响，因而一直保持着与中国园林相近的自然式风格。但结合日本的自然条件和文化背景，形成了它的独特风格而自成体系。日本所特有的山水庭院，精巧细致，在再现自然风景方面十分凝炼。并讲究造园意匠，极富禅意和哲学意味，形成了极端“写意”的艺术风格。

在阅读本书时之前，我们可先大致梳理日本庭院发展概况，以便有助于我们更好地理解东方庭院的精髓。

飞鸟时代(593～710年)：从百济传入佛教后，日本文化有了新的发展，建筑、雕刻、绘画、工艺也从中国输入到日本列岛而兴盛起来。在庭院方面，首推古天皇时代(593～618年)，因受佛教影响，在宫苑的河畔、池畔和寺院境内，布置石造、须弥山，作为庭院主体。从奈良时代到平安时代，日本文化主要是贵族文化，他们憧憬中国的文化，喜作汉诗和汉文，汉代的“三山一池”仙境也影响日本的文学和庭院。这个时期受海洋景观的刺激，池中之岛兴起，还有瀑布、溪流的创作。庭院建筑也有了发展。

平安时代(794～1192年)：京都山水优美，都城里多天然的池塘、涌泉、丘陵，土质肥沃，树草丰富，岩石质良，为庭院的发展提供了得天独厚的条件。据载恒武天皇时期主要建筑都仿唐制，苑园多利用天然的湖池和起伏地形，并模仿汉上林苑营造了“神泉苑”。这一时代前期对庭院山水草木经营十分重视，而且要求表现自然，并逐渐形成以池和岛为主题的“水石庭”风格，且诞生了日本最早的造庭法秘传书，名叫《前庭秘抄》(一名《作庭记》)。后期又有《山水并野形图》一卷。

封建时代：12世纪末，日本社会进入封建时代，武士文化有了显著发展，形成朴素实用的宅院；同时宋朝禅宗传入日本，并以天台宗为基础，建立了法华宗。禅宗思想对吉野时代及以后的庭院新样式的形成有较大影响。此时已逐渐形成“缩景园”和佛教方丈庭的园林形式。

室町时代(14～15世纪)：是日本庭院的黄金时代，造园技术发达，造园意匠最具特色，庭院名师辈出。镰仓吉野时代萌芽的新样式有了发展。室町时代名园众多，不少名园还留存至今。其中以龙安寺方丈南庭、大仙院方丈北东庭等为代表的 “枯山水”庭院最为著名。

桃山时代(16世纪)：茶庭勃兴。茶庭顺应自然，面积不大，单设或与庭院其他部分隔开。四周围以竹篱，有庭门和小径通到最主要的建筑即茶汤仪式的茶屋。茶庭面积虽小，但要表现自然的片断，寸地而有深山野谷幽美的意境，一旦进入茶庭好似远离尘凡一般。庭中栽植主要为常绿树，洁净是首要的，庭地和石上都要长有青苔，使茶庭形成“静寂”的氛围。

江户时代(17～19世纪)：初期，日本完成了自己独特风格的民族形式，并且确立起来。当时最著名的代表作是桂离宫庭院。庭院中心为水池，池心有三岛，岛间有桥相连，池苑周围主要苑路环回导引到茶庭洼地以及亭轩院屋建筑。全园主要建筑是古书院、中书院、新书院相错落的建筑组合。池岸曲折，桥梁、石灯、蹲配等别具意匠，庭石和植物材料种类丰富，配合多彩。修学院离宫庭院，以能充分利用地形特点，有文人趣味的特征，与桂离宫并称为江户时代初期双璧。此时园林不仅集中于几个大城市，也遍及全国。

明治维新：明治维新后，日本庭院开始欧化。但欧洲的影响只限于城市公园和一些"洋风"住宅的庭院，私家园林仍以传统风格为主。而且，日本园林作为一种独特的风格传播到欧美各地。

以上对日本庭院的发展做简单介绍，下面还有一些名词，我们也应该有所了解。

枯山水：又叫假山水，是日本特有的造园手法，系日本园林的精华。其本质意义是无水之庭，即庭院内敷白砂，缀以石组或适量树木，因无山无水而得名。

池泉园：是以池泉为中心的园林构成，体现日本园林的本质特征，即岛国性国家的特征。园中以水池为中心，布置岛、瀑布、土山、溪流、桥、亭、榭等。

筑山庭：是在庭院内堆土筑成假山，缀以石组、树木、飞石、石灯笼的园林构成。一般要求有较大的规模，以表现开阔的河山，常利用自然地形加以人工美化，达到幽深丰富的景致。日本筑山庭中的园山在中国园林中被称为岗或阜，日本称为"筑山"（较大的岗阜）或"野筋"（坡度较缓的土丘或山腰)。日本庭院中一般有池泉，但不一定有筑山，即日本以池泉园为主，筑山庭为辅。

平庭即：在平坦的基地上进行规划和建设的园林，一般在平坦的园地上表现出一个山谷地带或原野的风景，用各种岩石、植物、石灯和溪流配置在一起，组成各种自然景色，多用草地、花坛等。根据庭内敷材不同而有芝庭、苔庭、砂庭、石庭等。平庭和筑山庭都有真、行、草三种格式。

茶庭：也叫露庭、露路，是把茶道融入园林之中，为进行茶道的礼仪而创造的一种园林形式。面积很小，可设在筑山庭和平庭之中，一般是在进入茶室前的一段空间里，布置各种景观。步石道路按一定的路线，经厕所、洗手钵最后到达目的地。茶庭犹如中国园林的园中之园，但空间的变化没有中国园林层次丰富。其园林的气氛是以裸露的步石象征崎岖的山间石径，以地上的松叶暗示茂密森林，以蹲踞式的洗手钵象征圣洁泉水，以寺社的围墙、石灯笼来模仿古刹神社的肃穆清静。

样式：回游式、观赏式、坐观式、舟游式是指在大型庭院中，设有"回游式"的环池设路或可兼作水面游览用的"回游兼舟游式"的环池设路等，一般是舟游、回游、坐观三种方式结合在一起，从而增加园林的趣味性。有别于中国园林的步移景随，日本园林是以静观为主。

逐鹿："逐鹿"为日本园林中一竹制小品名，利用杠杆原理，当竹筒上部注满水后，自然下垂，水倒入空筒中，而后再翘头，回复原来的平衡，尾部击打在撞石上，发出清脆声响，颇为有趣。该小品以静制动，宁静致远，是日本庭院中的代表元素之一。

蹲踞：蹲踞是日式庭院中常见的一种景观小品，用于茶道等正式仪式前洗手用的道具。作为能够清洗身体和内心罪恶的象征物，蹲踞在寺院和神社中是必备品，与石灯一样，原本也是因为茶道而率先设置的。

桥：日本庭院中的桥随处可见，有的是真桥，有的则是假桥，只是用于点缀景色的一组道具，但关键要融于环境中，成为庭院中不可或缺的一个有机组成部分。

日本庭院作为东方庭院的代表，充分体现了“天人合一”的思想，庭院中各处景致无不体现出人的精神，而又更多地表现了对自然的崇敬。我们在学习与借鉴的过程中，无论何时，都能给我们更多想象的空间。本书的编写是在多位庭院前辈的理论和实践基础之上而成，我们参考和借鉴了诸多经典庭院的文字和摄影作品，在此表示由衷敬意和感谢！

编者

2017 年 9 月

目録

西芳寺

苔、石与梦窗疏石

不知道是从什么时候起，这里开始被人称作『苔寺』。

池泉之庭

很久以前这里曾有两个相邻的寺院，后来地势低的地方被建成了池泉式庭园，地势高的地方则被建成枯山水庭园。池中漂浮着一片幽美的小岛，上面曾经被一层白沙覆盖，远远望过去，宛如一幅大和绘一般。

随着时间雕蚀，这已享誉闻名的庭园如今仍静静地沉眠于这片苔藓下。

“夕日的清水”里盛开的大贺莲在幽暗中吐露着微光。

庭园小径与瓦顶泥墙。

七棵竹景。相传这是梦窗大师为感谢造庭的七位工匠亲手种下的。

黄金池的北部池中的夜泊石。呈三列直线分布。▶

黄金池东北部的半岛景观。梦窗入寺前，这部分池庭的周围曾被称为西方寺，而枯山水庭园附近则被称为厌离秽土寺。

黄金池东部半岛边的守关石。

黄金池东北部的小岛与小船形状的石块。▶

黄金池中的浮岛——鹤岛全景。与龟岛相映成趣，表现的是神仙思想的世界。

有白樱岛之名的龟岛全景。

位于黄金池南部的霞形中岛东北部的石组。

霞形中岛上的三尊石组。它深刻地影响了鹿苑寺金阁与慈照寺银阁的石景布置。

黄金池中“朝日的清水”旁的石岸。

石岸边残留的船靠岸碰撞后留下的痕迹。

“朝日的清水”。如今清澈的流水依然涓涓涌出。

位于黄金池西侧的松尾明神影向石全景。

梦窗疏石是历应二年（一三三九年）进入西方寺的。入寺后花费数年改造了废弃的旧西方寺庭园，并更名为『西芳寺』。后来，为迎接天皇外巡，足利义满与义政便以此庭院为蓝本修建了金阁与银阁。

游湘南亭

然而应仁之乱时，庭园几乎被烧为灰烬。仅湘南亭后来于别处重建，才能借此一窥当时的风貌。

湘南亭内的刀架。

黄金池西侧的造园水流与分水石。▶

湘南亭内景。内有壁龛和茶室。

湘南亭内的拐角置物架。

湘南亭外观。千利修自刎后，其子少庵在此地隐居，重建了湘南亭。

穿过池泉庭院，经过向上关，就是地势略高的枯山水庭院。

枯山水石组

这一带曾是厌离秽土寺。寺院后面有一片密集的渡来人秦氏一族的古坟。传说这些墓石后来成为了造园的原材料。

巍峨的龟仙石组与刚健有力的三段瀑布石组里，仿佛隐藏着造园之谜，站在石组面前会感受到一种强烈的压迫感。

洪隐山枯山水庭园的入口——向上关。

湘南亭的广阔外廊，是一个三面开放的舞台，顶棚是用泥土做成的。▶

向上关上面的龟仙石组，仍保留着最初的样子。

穿过向上关，有一条通往上面枯山水庭院的通宵路石组。▶

龙渊水石组。为了保证水流清澈，造庭时在潭底放置了平天石。

指东庵（开山堂）西侧气派的坐禅石。▶

坐禅石东部的石组景观。

◀位于指东庵东部的枯瀑石组下面的石组周边景观。

枯瀑石组全景，由上、中、下三部分构成，是最早枯山水石组的珍贵典范之一。

洪隐山景观。附近多古坟，其中可以找到当时利用古坟石块造景的痕迹。

夕日的清水。源源不断涌出的清泉流经小渠注入黄金池。

西芳寺近貌

藤田　秀岳
西芳寺执事长

平成元年，比往年要暖和的冬天过去了，梅樱凋谢，渐入初春。整个冬天（一九八九年），西芳寺庭园里无半点积雪，黄金池也没有结冰。覆盖在一万坪广阔庭园上的苔藓，因充足雨水的滋润而更加绿意盎然了。

西芳寺最早是基德太子修建的，后来行基菩萨将其建为畿内四十九院之一。再后来，梦窗国师成为中兴之祖，慢慢地，西芳寺才有了现在的样子。

『雪舟的画，梦窗的庭园』，西芳寺从很早以前就为世人所熟知，昭和三年（一九二八年）庭园正式对外开放。战后随着大佛次郎先生的作品《回乡》被翻拍成电影，西芳寺的俗称『苔寺』便渐渐流传开来。

然而，世人一味热切追捧西芳寺的苔藓，反而轻视了庭园本身举世无双的高雅气质，这实在让人感到非常遗憾。

昭和四十年（一九六五年）前后，由于前来参观的游人日益增多，车水马龙，垃圾处理不当等环境问题日益突出。为了重新恢复周边安静的环境，保护精神文化福祉，西芳寺不得不在昭和五十二年（一九七一年）终止了向一般公众开放。之后只能通过寄明信片的方式预约抄经活动才能入园参观。

之后的十几年，西芳寺周边重归寂静。每天仅有几十名参拜者来本堂西来堂抄经诵经，然后才能静静地在两边长满苔藓的道路上或在庭园中散步赏景。

白天庭园里也是极为静谧的，四周只有野鸟穿梭在林中争相鸣叫。抬眼望着嫩绿鲜翠的新芽，感觉自己仿佛沉入一片绿色的海洋中，眼睛和心灵都得到了抚慰，也仿佛沉浸到梦窗国师的幽玄世界中去了。

每天每时每刻每分每秒的每一个瞬间，这个庭园都在不断变化着。一年四季无论晴雨它都在成长着、变换着模样。而我们被裹挟其中。西芳寺给予每一位前来参拜的人以心灵慰藉，让人乐于沉浸其中享受休闲时光。我多希望这样的西芳寺庭园能好好地留存百世。

合掌。

生机盎然的自然气息

金阁与银阁的范本

栗田 勇

细碎的阳光从出梅后的枝叶间漏下来，散落在苔藓叶间闪闪发光。梅雨季刚过的第二天，我终于能来拜访久违的苔寺了。

倾盆大雨正盛时，走在园子里有些提心吊胆，因为苔藓生命实在太短，选择观赏期是件很难的事儿。

为我们引路的苔寺（西芳寺）僧侣说道，『您就看吧，两天以后雨水干了，这一带的苔藓的光泽也会消失。』然而，苔寺的庭院下似乎蕴藏着超乎想象的苔藓之绿，甚至感觉在一呼一吸之间都被这绿意浸染。

我望着人烟稀少的苔寺，再次深深吸了一口气，感觉身体里好像被注入了自然的精气。

由此我不禁想起了旧日时光。四十年前我第一次来西芳寺，那时才二十多岁，这里还没有什么名气，对它毫无了解的我来到了这里。

然而不知为何，门前流淌的小河发出的悦耳的哗啦声，河面上郁郁葱葱垂下的竹叶上挂着的青翠水珠，却深深地印在了记忆中。

那种氤氲如雾般笼罩在水汽里的感觉，是我对苔寺的最初印象。

第二次去苔寺不知是几年后了。雨后初晴，苔寺的小路上挤满了游客，密密麻麻如蚁群。我被长长的队伍挤得几乎要脚尖离地，焦躁不安地缓缓向前挪动。

而现在也不知是第几次来了，总之苔寺仿佛一直都像一个常去拜访的地方一样存

慈照寺銀閣

鹿苑寺金閣

在在我的心里。

但现在，我又久违地像是与它初识那样，眺望着这里的风景。最近每天都只有几位预约的游客在庭院里散着步，今天也只有我们一行几个人。

似乎谁也不知道是谁从何时起将西芳寺称为『苔寺』的。

也不清楚从哪个时代起苔藓开始如此茂密生长。

但在京都，苔藓明明在哪里都可以生长，却仅将此处称为『苔寺』。不过，的确庭园里长着苔藓的空间在不断扩大。

原本西芳寺中的这些景观并非自然形成的，而是日本庭园鼻祖梦窗国师，将自己心中对于造园的理解与想法融入其中，才成就了现在的风景。

仅从庭园现有的这些苔藓、绿植、水和石头中，很难去想像梦窗国师最初所造的庭园的样子。但幸运的是，还有一些可以去推测原型的线索。比如，足利将军义满在晚年时建造的北山殿金阁。

直到现在，金阁也依旧因其倒映在广阔池水中金碧辉煌的样子而令人心醉神迷。最初，与镰仓幕府有着亲缘关系的西园寺公经，继承了作为氏寺而修建的雄伟壮丽的寺院。100多年后，义满在一片废墟上，大胆地修建了一个富有创造性的华丽庭园。金阁寺以金光闪闪的三层舍利殿为中心，四周有殿堂和佛堂，还有以前遗留下的二层建筑天镜阁，它仿佛是一个与天空连结的桥廊。

而这样的金阁寺就是以梦窗的西芳寺庭园为模型建造的。

另外，义满的孙子义政在东山修建了东山殿，又称银阁寺。也是现在游人如织的名胜古迹。

在政治上怀才不遇的义政，将对美的热切追求与情怀倾注在了东山殿里。不过他在庭园建筑、山石水池的布置方面造诣，受到梦窗西芳寺的影响。从这方面来说，银阁绘声绘色地再现了梦窗空间造型的美学。

如此，今天我们能在有生之年，通过将金阁寺与银阁寺结合起来去想象梦窗西芳寺刚刚建成时的样子，想象西芳寺如果放在今天，这片长满苔藓的庭园里会是什么样子。

夢窓国師画像（妙智院蔵）

『築山庭造伝』中の「西芳寺」

金阁寺大气华丽的韵味与银阁纤细幽美静谧稳重的姿容正是在山石、水流、树木组合而成的立体空间中展现出来的。

一群无名之人

有文字记载，西芳寺最初是被称为『西方寺』。这座古寺传说是一位名叫行基的僧人创建的。因为寺院位于西山山脚，所以古代认为此地是埋葬逝者、高僧诵经念佛之地。也有传言说，法然曾在此地修行。历应二年（一三三九年）寺里的檀越摄津太守藤原亲秀将此寺献给了梦窗国师。

梦窗国师生前三次、故后四次共七次被授予国师名号，被称为是七朝国师。无论是在朝廷还是在民间他都非常受人尊重。然而，他一生都没有追逐政治名利。

梦窗国师最初是甲州的真言宗僧人，不久志向参禅，后为寻找住在一遍上人参禅的西方寺（后来的兴国寺）中的法灯国师无本觉心而上京。但当时，梦窗在京都遇见了一位叫做德照的人，于是就跟随他进入了建仁寺，正式开始一心修禅。

梦窗国师肩膀圆润下倾，看起来阴柔纤细，但极具才华。尽管他当时师从宋朝渡来的禅僧一山一宁，但也学习高峰显日的日本特有的带着东福寺派真言密教气息的温和的临济禅，并将之完善。

梦窗虽然爱好钻研学问，但他隐逸志向强烈，所以常常拒绝权贵人士的邀请而隐于山林。在一个山清水秀的地方过独居生活才是他希望的生活。

然而讽刺的是，进入南北朝时期之后，梦窗被卷入幕府将军与后醍醐天皇之间的争斗中，并且又受两方信赖。后来在足利尊与足利直义两兄弟的斗争中，两方都希望他能皈依。在南北朝的斗争中，他又得到了两朝的关心。

到底为什么这样的事在他身上发生呢？也许因为他有着一颗见微知著的内心吧，因而常常能在梦中或者幻觉中得到神灵的启示。只有这样敏锐的人，才能冷静审视现实中的战乱斗争，才能客观地看清事物发展变化的过程。也正因如此，他给的忠告才

夕日ヶ島と鎮守堂

能常奏效。他不情愿完成的工作也能取得非凡的成就。

也许是因为在他的内心有一个与俗世不同的世界吧，这个世界在不久之后就变为现实中的西芳寺庭园了。

从梦窗的一生来看，现实世界中有一股力量一直支撑着他，那就是高山流水的情怀。因此他与生活在草野的普通民众之间有着强烈的连带感。实际建造庭园的人并不是他或者他的弟子们。在他的身边有一群常常被忽视的下层阶级民众，后世称之为『山水造庭者』。他们是一群没有固定居所，但有一技之长的人。

前些天，我在翻阅一遍时宗在京都誓院寺的资料时，恰巧看到关于苔寺在造园之初有地藏菩萨来帮忙抬石块的传说，不禁拍手称奇。传说时宗身边常有贱民和艺人围绕，他从不避讳是否有不净之嫌。也有传言说，梦窗当年建造西芳寺时也曾得到过这些人的帮助。

这些人在各地都有组织，手中掌握着大量的情报信息。这对政治、经济活动的展开发挥着重要的作用。这样一来，脱离于世俗之外的山野趣味及政治情报的搜集工作，与造园的情趣巧妙地结合在了一起。梦窗身边的外护人中，不仅有公家、将军、武家，也有渐渐得势的海上运输业者。后来出现的以住在界的市民为中心的新兴工人阶级群体中，就有这些人的身影。

梦窗是孤独的。在权威之下，他只能与这些虽然弱小但是有知识和技能的一群人在私底下交心。传说在他去世后，仪仗队中大约有几千名这样的无名之士前来跟随吊唁。当在心中描绘出这些背景之后，我觉得需要去重新定位苔寺（西芳寺）了。

私下交流的场所

梦窗的晚年是在京都有代表性的三个寺院中度过的，它们分别是临川寺、西芳寺和天龙寺。

临川寺是后醍醐天皇赐给梦窗的私人寺院。梦窗将其视作自己的终老之地，并在

湘南亭茶室から庭を望む

其中修建了寿塔。塔院名为三会院，这个名字来自于弥勒菩萨的龙华三会。

这里被严格当作梦窗弟子们的道场，里面还留存着《临川家训》，用于教育后继之人。

但西芳寺与临川寺不同，它是包含着梦窗个人隐逸志趣的地方。他一直仰慕唐朝隐逸禅者西山亮住持，并借用此人与熊秀才相见的因缘故事把这个庭园命名为了『西芳寺』。

另外，他敬仰唐朝隐逸僧人南阳慧忠，所以根据《碧严录》第十八则《景德传灯录南阳章》给庭园里的建筑命了名。也许他是想借此方式将自己心中禅的世界深深刻在这个庭院里。

不过，我认为对于西芳寺还有一个功能，那就是作为他与『外护者』、私底下交心的山水造庭者、贸易商等人交流的场所。正因为如此，才能建造出如此多彩的崭新华丽的庭园和建筑。也正因如此，将军义满和义政才必然会去模仿西芳寺建造用于政治交际的山庄。

如果它单单只是一座禅寺，为何拥有最高权力的将军们会将其作为庭园建筑的典范来模仿建造？

这才是建造西芳寺另一个鲜有人知的目的。

天龙寺不必说了，那里尽管是梦窗的弟子们在维护，实际上是为后醍醐天皇建立的公家大寺院，是禅宗宗教礼仪的中心，后来也成为了五山文化的中心。

造化之姿

那么，有了这些背景知识，再重新想象一下，西芳寺在创建之初有着怎样的风貌呢？

现在依然留存着当时大致的构成框架。广阔庭园中间设有一处黄金池，池中有岛，池边有着颇具艺术性地延伸着的山路。另一个看点是山脚附近有一处高地，上面是枯

少庵堂前の遣水

朝日ヶ島・夕日ヶ島と土橋

山水风景，是石景布局的庭园。这两个不同世界的风景由一扇叫做『向上关』的门连结起来。

首先看看池泉庭园。最初池的北边有一座两层的楼阁，叫做琉璃殿，样子可以参照金阁与银阁的主殿。

琉璃殿的名字由来可能与药师如来的琉璃净土一说有关。不管怎样，楼阁的样子正如其名，绚烂夺目，光彩四溢。

池水四周有茶亭、潭北亭与湘南亭，两亭之间以邀月桥相连。池边有供游览的船只。这些建筑与佛堂楼阁及僧侣住处之间，以弯弯曲曲、高高低低的回廊连接着，看起来生趣盎然。

虽说可以乘船游览，但与以巨大池水为中心专注于水上泛舟的净土式庭园或寝殿造庭园不同，这里的池水四周设有茶亭，可以沿池周散步，一边休息，一边赏池泉全景。这种新的游园方式最初就是产生于这里。

如果与当时从中国传来的新禅风联系起来考虑的话，恐怕这些建筑是非常中式风格的，是当时流行的唐风。

我在前些天去逛了逛中国现存的明清时期的庭园，其数量之多令人瞠目结舌。风格也是制造水流、垒石造景，以及在庭园四周建造两三层的楼阁。从中推测可知，这种风格对室町时代之后的日本庭园有着非常大的影响，起到了重要的示范作用。从这一层意义上来讲，假山流水的庭园并非日本独有的东西，很大程度上都受到了中国造园风格的影响。

那么这么说，梦窗国师岂不是不能称作是东洋庭园的鼻祖了吗？日本是否创造出了自己独有的造园之美呢？

我在游览中国精致风雅的庭园时想到，如果一旦无人修整，这里会变成什么样子？的确，中国的庭园也喜欢仿造自然风景，比如堆砌层层叠叠的奇山怪石，或是引水造流水，都是极尽人力再现自然风景的庭园。一旦长年累月便会崩塌毁坏，这些人造的景色也会化作一堆瓦砾。

和暦	西暦	西芳寺庭園関連年表
推古一二	六〇四	この頃、現在の西芳寺の地に、聖徳太子の別荘があったと伝えられる。
天平年間	七二九～四九	この頃、行基菩薩、畿内四十九院の一つとして西方寺を建立したと伝えられる。
建久年間	一一九〇～九九	この頃、中原師員、寺を二つに分け、現在の池泉庭のあたりを西方寺、枯山水のあたりを厭離穢土寺と定め、厭離穢土寺の開山に法然上人を請じたと伝えられる。
建治元	一二七五	夢窓疎石(夢窓国師)、伊勢に生れる。
暦応二	一三三九	四月、夢窓、西方寺に入寺。浄土宗を禅宗に改め、寺名を西芳寺とする。
貞和元	四五	夢窓、「西芳遺訓」を著し、西芳寺の住持、檀那の基本的心得などについて説く。
二	四六	十一月、夢窓、光厳上皇から、正覚国師の号を特賜される。
観応二	五一	九月、夢窓、臨川寺三会院で没する。(七十七歳)
文和二	五三	春屋妙葩、「夢窓国師年譜」を撰する。
明徳二	九一	足利義満、西芳寺を修復する。
応永四	九七	一月、義満、北山殿の造営開始。四月、金閣上棟。(『存盛卿記』翌五年上棟説)
七	一四〇〇	住持中韋急渓『西芳寺池庭縁起』を撰する。
嘉吉三	四三	七月、李朝の特使、申叔舟、西芳寺を訪れる。帰国後『日本栖芳寺遇真記』を著し、当時の寺の様子を詳しく記す。
康正元	五五	足利義政、洪水後の西芳寺を修復する。
長禄二	五八	二月、義政、この頃からしきりと西芳寺へでかけ、庭を見る。
寛正三	六二	二月、義政、西芳寺を模して高倉御所の作庭をはじめる。
文明元	六九	四月、西芳寺、応仁の乱により、湘南亭を除き本堂、指東庵などほとんどを焼失する。湘南亭も後に失われる。
一四	八二	二月、義政、東山山荘(東山殿)の造営に着手。西芳寺の模写につとめる。
一七	八五	洪水により池庭を流出する。
長享元	八七	一月、本願寺蓮如上人、西芳寺の修復を門徒に執達する。
延徳元	八九	二月、東山殿に観音殿(銀閣)上棟。
二	九〇	九月、指東庵復興する。
永禄一一	一五六八	二月、織田信長、池庭の修理再興を命ずる。
天正一九	九一	二月、千利休、豊臣秀吉の怒りにふれ自刃。この後、利休の子、少庵は隠遁し、西芳寺に湘南亭を再建したと伝えられる。
元禄元	一六八八	八月、洪水により池庭大破する。
明治四〇	一九〇七	八月、湘南亭、重要文化財に指定される。
大正一二	二三	三月、西芳寺、史跡名勝に指定される。
昭和三	二八	一般公開をはじめる。
二七	五二	西芳寺、特別名勝に指定される。
五二	七七	七月、一般公開を中止し、事前申し込みによる写経参拝に移行。

于是，想到今天依旧能像这样散步在苔寺的狭窄小道上，心中便生出无限感慨。

可能是失去了曾经绚烂至极的楼阁，但梦窗的庭园之美至今依旧令人迷醉。

尽管经过岁月自然的风化，任由其荒芜，这片庭园也仍旧不断变换着模样。而且比以前更加生机盎然了，这样的美深深令人迷醉。这是为什么呢？

究其原因，还是就像梦窗国师的临济禅并未全盘接受中国禅一样，他建造的庭园中也融入了日本独有的感性，而这份感性里流淌的是天台密教中产生的『草木国土皆可成佛』的本觉思想。

日本人通过感性而非理性去感知花草树木岩石流水皆有生命的道理。

所谓活着的生命是要在变化中与周围事物不断调和，不断保持有序的统一。我们的祖先，就是在时而粗暴时而温和又有些轻率的造化中产生了这样的认知，而梦窗庭园的秘密就在于此处。

他的禅是日本的禅。他的庭园可能会让人联想起中国的庭园，但实质上仍然是日本的庭园风格，即洞悉自然中的生命，去除多余的不需要的东西。这样，富有活力的造化之姿才能毫无掩饰地展现出来。这样的造化不仅在表面上有着令人赏心悦目的丰富变化，在它的内里还仿佛述说着蕴藏在宇宙万物之中最深处的神秘内涵，让人能从中窥得一二。

苔寺曾一度失去所有的建筑，回归到了最初的自然状态，而得以巧妙地披上苔藓这件造化之衣。也正因如此，我们现在能够欣赏到梦窗所看到的那个苔寺的样子。

洪隐山の円墳

激烈的否定与破坏

日本庭园与中国庭园的不同之处在于『动』。中国的庭园，无论是有巨湖的大庭园，还是仅有巴掌大的小庭园，都有一种静止稳固的安定感。而日本庭园的自然的感觉与之不同。日本最古老的庭园设计书《作庭记》就是从『感受自然山水』开始论述的，造庭的中心就是水，包括流动的水。比如从山上落下的瀑布、哗啦啦的激流、岩石上四处迸溅的水花、起伏的水波等。

山水并不单单指山和水或者石和水，而是山石与水的结合和交互下产生的富有生命力的自然气息，这才是建造庭园的要义。所以这里的『山水』指的是引入庭园的水流和瀑布口及瀑布下落处的石组。

日本是山川众多的国家，天然水源丰富。人将一生托付于水，随它感受四季变化、时光流转，感受这造化的精妙之处。简而言之，水是原生态自然风景中生命的象征。

西芳寺的黄金池中，倒映着花鸟树木时隐时现不断变化的姿态，倒映着永恒变化着的自然风景。

看着树上系着的稻草绳，仿佛感受到依附在树上的神灵在对仰望树木的心灵传达着什么讯息。

西芳寺庭园的山号叫做『洪隐山』，山的中段是由三段非常巨大的石群组成的，堆砌至山顶。有人说，这些巨石来自于山上崩塌的古坟，也许这是真的，但这不是重点。重要的是，这些巨石群与地势格外低且蓄满水的黄金池形成了对比。如果仔细感受这些岩石，仿佛能听见石缝间有潺潺溪水欢快流动的声音。当然这里并没有流水，只是这些岩石的布置让人联想到了激流击石的景象，仿佛听见了水花四溅的声音。有人说这就是枯山水最早的原型。这听起来也许有些怪异，但『枯』之于我确实感受到了从岩石群中发出的轰隆隆的流水声。岩上的急流与岩下起伏变化的池水，这一动一静体现出这个庭园里蓬勃生命的跃动感。也有人说，这堆岩石曾是三轮山神休憩的地方。

坐禅石脇の石組

无论是哪一种说法，这种超越人类智慧与技术的自然现象，一直井然有序地发生着。我们在这个苔藓之庭里感受着自然，放松地呼吸。地上密密麻麻生长着的苔藓也可以想象成是自然华美的衣裳。

但这个庭园的生命力并不平凡，它打破常规、舍弃旧条，造化的强大能量如狂风巨浪般显露出来。

那个温和儒雅、身形消瘦的梦窗国师身上，到底哪里蕴藏着如此强大的能量呢？于是，我想起了梦窗自传中，他天才般的疯狂、幻觉与顿悟。仿佛有一股巨大的力量如闪电般地贯穿了他无比温柔的身躯，驱使着他的行为。或许这就正如南北朝时期世间秩序崩塌之后，从平凡的人群中喷发出的日本文化的底流之力一样。

《太平记》中有记载称，同时代出生的婆娑罗大名京极道誉也曾受到过一种强烈力量的驱使，做出过一些奇怪的无法解释的行为。但是，正因为这股奇力，才使得狂言、俳句、插花、茶道等日本传统艺术能得以萌芽。梦窗的苔寺仿佛是婆娑罗的一个典型吧。

日本的传统艺术总是给人一种枯淡寂寥的感觉，苔寺也能被称为是一种美丽的废墟。但一旦回到那个时间节点，却又会感觉有惊人的力量喷薄而出。这与其说是人类的力量，不如说是一种汇聚自然造化中无穷生命力的自我展现。而人只是被这种自然造化的力量唤醒，将其变为具象的事物而已。

可能这就是天生具有自我净化的能力吧，与刚才所说的『草木泥土皆可成佛』如出一辙。但也不是随便就可以成佛的，没有强烈的否定与破坏，那一份与生俱来的自然性情很难重现姿态。

山水之间无得失

对于梦窗而言，再也没有比山水更有趣的东西了。他在《梦中问答》一书中谈到了自己的山水癖好，并阐述了何为禅心。

『从古至今，有很多人喜爱建山置石、种植树木、营造水景，尽管风景相同，但

潭北亭外観

意旨趣味却各有不同。不过有时候我不觉得都那么有趣。有些人，只是将这些当做是装饰自己屋子的东西。他们认为，有了这些装饰房子可能会变得更美。又或许是，有些人对世间万物都有一种贪念，所以爱收集天下珍宝，其中也包括山水。他们四处寻求挑选奇石珍木，收集后放置起来，但这样的人并非爱好山水的自然性情，而只是喜好俗尘……天性淡泊的人不好俗尘之事，只爱在泉水山林之间吟咏诗歌，陶冶心性。〝泉石膏肓，烟霞痼疾〟，说的就是这样的人，而这样的人才能叫做有自然性情的人。如果真是如此，就算没有皈依之心，想必也能成为顺利转世的基础吧。有人在面对山水之时能有如梦中惊醒的感觉，认为山水能有慰藉寂寥心灵的功效，还能有帮助修行的作用。这与俗世之人爱好山水的意趣志向是不一样的，这的确非常难能可贵的。然而，无法将山水与修行分开的人，也无法称之为真正意义上的隐士。有的人相信，山河大地，泉石草木都有自己本来拥有的自然属性。有这样想法的人如果把爱好山水之事看作是平常之事，终究也能将这样平常的爱好当作是一种信仰，去细心钻研全石材木的四季变化的姿态吧。如果常常抱有这样一种想法，就会理解隐士喜爱山水的心理了。所以说，爱好山水既不能说是坏事，也很难说是好事，山水之间无得失，得失常在人心中。』（岩波文库）

这段文字将梦窗的造庭本心说得非常明了了。这里我虽然无法详细解说，但当散步于苔寺的庭园之中细细回味这段话时，会感觉梦窗的形象仿佛在树木之间若隐若现。

（作家）

庭园解说 西芳寺

斋藤 忠一

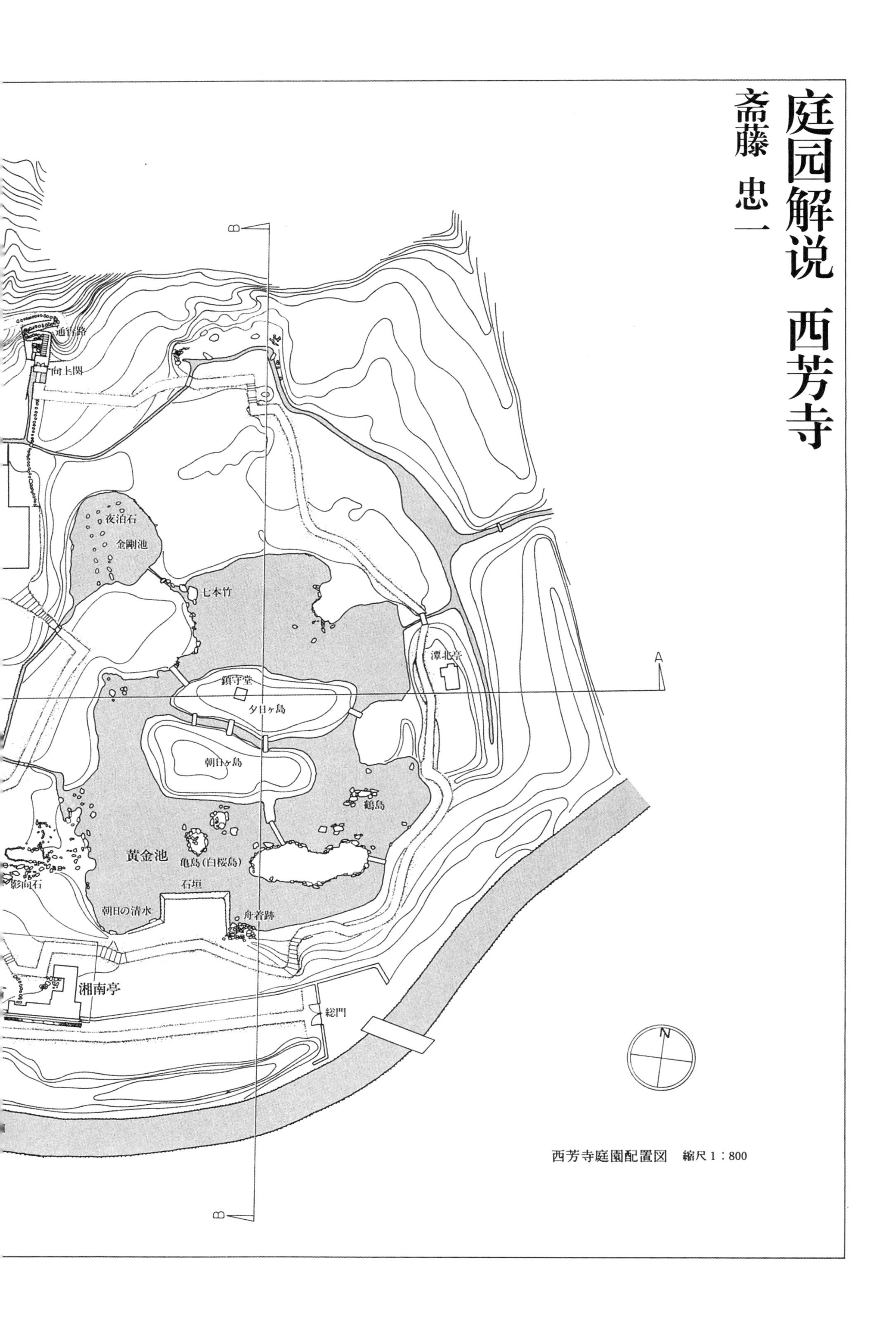

西芳寺庭園配置図　縮尺 1：800

两个庭园

以从西至东流淌的西芳寺川为最南边，以洪隐山为最北边，中间约5千坪①的地方为西芳寺庭园。庭园由两部分构成，一部分是地势平坦的以黄金池为中心的池泉庭，另一部分是位于洪隐山山边的以枯瀑石组为中心的枯山水庭园。历应二年（1339年），梦窗国师入寺，将寺名改为西芳寺，当时池泉庭园在西芳寺内，而枯山水庭园在厌离秽土寺内。池泉庭与枯山水庭的组合成为之后日本庭园构造的一个基本典范。仿造西芳寺修建的银阁寺庭园自不必说，常荣寺庭园及北畠神社庭园也是这样的构造。

参道

走过西芳寺川的小桥，走进总门，参道向北笔直延伸，尽头是库里玄关，右侧是土墙，里面就是池泉庭园，左侧是树篱。参道两边的红叶宛若天盖一般遮天蔽日。道路一侧长着青苔，碧绿无比，涤荡心灵。当到了红叶观赏季来临时，这条参道仿佛如锦缎一般花里斑斓。

参道作为庭园的一部分，是美丽的沿途风景，也有引人入园的功能。这样的布局被很多庭园所采用。如银阁寺的总门至山门中间的绿篱参道，或是桂离宫的表门

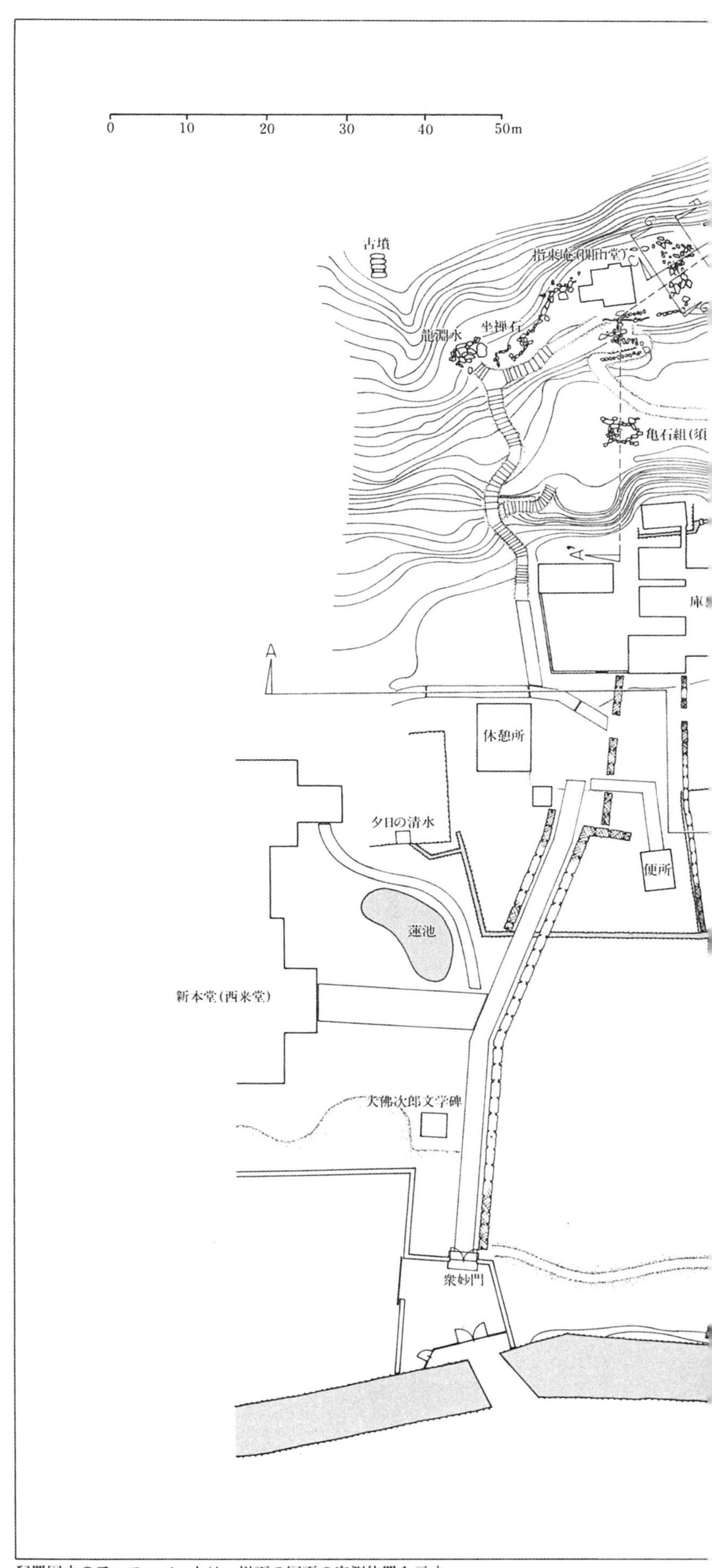

配置図中のアルファベットは、以下の図面の実測位置を示す。

① 1坪＝3.3平方米

至御幸门、中门之间的御幸道的设计，都是以此为范本的。

参道被小小的沟渠拦腰截断，上面架起一座小桥。底下的流水从『夕日的清水』流向池泉。

绿篱后面是广阔的空地，以前可能是环中庵、格外庵之类的僧侣的住所，空地的西侧是『夕日的清水』，而更西边则是新建的正殿。

金刚池

从库里玄关前向东走，穿过露地门，就能看到正殿前有一片广阔的庭园，四处都可见到树林。高低起伏的地面上长满了青苔，池泉水面没有阴影，池水清澈又深不见底。

正殿东侧有一个堤岸较高的小池泉，被称作金刚池。池中有南北两列岩岛。现在将这些石头，包括东边的两块称为夜泊石。梦窗国师因旧西芳寺的正殿位于金刚池的东北边，所以称之为西来堂。而在金刚池南边的二层建筑琉璃殿建成后，又在西来堂和琉璃殿之间，即金刚池上临空修建了一条走廊。所以推测池中的岩岛有可能是桥的柱石。由于地形的原因，这条走廊弯弯曲曲，应该曾是从琉璃殿跨过金刚池，再向东曲折，与西来堂相连。

琉璃殿的二层修建了舍利塔，名为『无缝』。一层是坐禅室，名为『琉璃殿』，金阁与银阁都是模仿琉璃殿建造的。

因为真如亲王曾在此地隐居，所以西来堂前曾有一棵从禁庭（御所之庭）移栽过来的巨大的樱花树，当时被人称作是『洛阳之奇观』。花开正盛之时美不胜收。以前每年的3月25日，在赏花的同时，还会举办盛大的赏樱放生会。现在面对金刚池幽邃至极的周边景色，可以想象曾经这里也有过与现在如此不同的华丽景色。

桥廊西侧曾种有莲花。

周游黄金池

走到金刚池后背面，终于到了中心池泉黄金池了。

在梦窗国师入寺改造西芳寺之前，中原师员所在的池泉庭园很有可能是净土式的池泉。池泉北侧建有佛堂，池泉中央有大型的中央岩岛，还有两座小桥与南岸相连。在这里可以乘坐游船观赏景色或者举办宴会。这是平安、镰仓时期典型的庭园样式。同样，西芳寺池泉中央也有两个平行的小岛——朝日之岛与夕日之岛。将这两座小岛看做一座大岛的话，应该就是它本来的样子了。

梦窗国师将这样的以乘坐游船观景为主的池泉庭园，改造为更有禅意的以散步为主的回游式庭园。西芳寺则是这类庭园的首创。

西芳寺庭园的特色之一就是小路非常美丽，时而上时而下，蜿蜒曲折，在道路的曲折度与方向上精心设计，匠心独运，使得园景更加富有变化之美。那我们就顺着这条苑路观赏吧。

小溪穿过参道后，流向了黄金池的东岸，黄金池北边有一个茶室叫少庵堂，也许这附近以前就是钓寂庵，这里曾经供奉着佛国禅师与梦窗国师的画像，是类似塔头的建筑物。相传其中一个房间里有密教藏书。前面的院子里曾有三棵连理的桧柏。

穿过小溪，沿着墙边的小路拐一个弯后风景突然变得非常静谧幽深。那里有一处系着注连绳的石景。这些石头大多是平天石，所以形成了一幅刚劲有力的流水之景。这块系着注连绳的石头，被称为是松尾明神的影向石。关于松尾明神出现的说法有很多，有人说是来听梦窗国师解读佛法，将泉水以暗流的方式引入这里，又让水从石缝中流出，形成一种庄重的意趣；也有传闻说此处曾有行基菩萨亲手种下的圆叶柳。

影向石南侧是湘南亭，与土墙连在一起，建在一处稍高的土丘上。千利休之子曾在此地隐居。亭子面朝湖水，北侧的茶室有着宽大的檐廊，檐廊顶棚是由泥土做成的，这样的茶亭非常少见。入口处的洗手池颇具雅味，样子简单朴素。梦窗国师曾在黄金池的南面和北面分别建造了潭北亭和湘南亭。

B－B　東西断面図(一)　縮尺1：400
次頁右上に続く
潭北亭
洪隠山
枯滝石組
A－A　洪隠山断面図
▽黄金池WL±0.0m
次頁右下に続く
向上関
A－A　南北断面図(一)　縮尺1：400

洪隠山
通宵路
方丈
向上関
黄金池
鎮守堂
夕日ヶ島
石垣
朝日ヶ島
夕日ヶ島
鎮守堂
黄金池
方丈

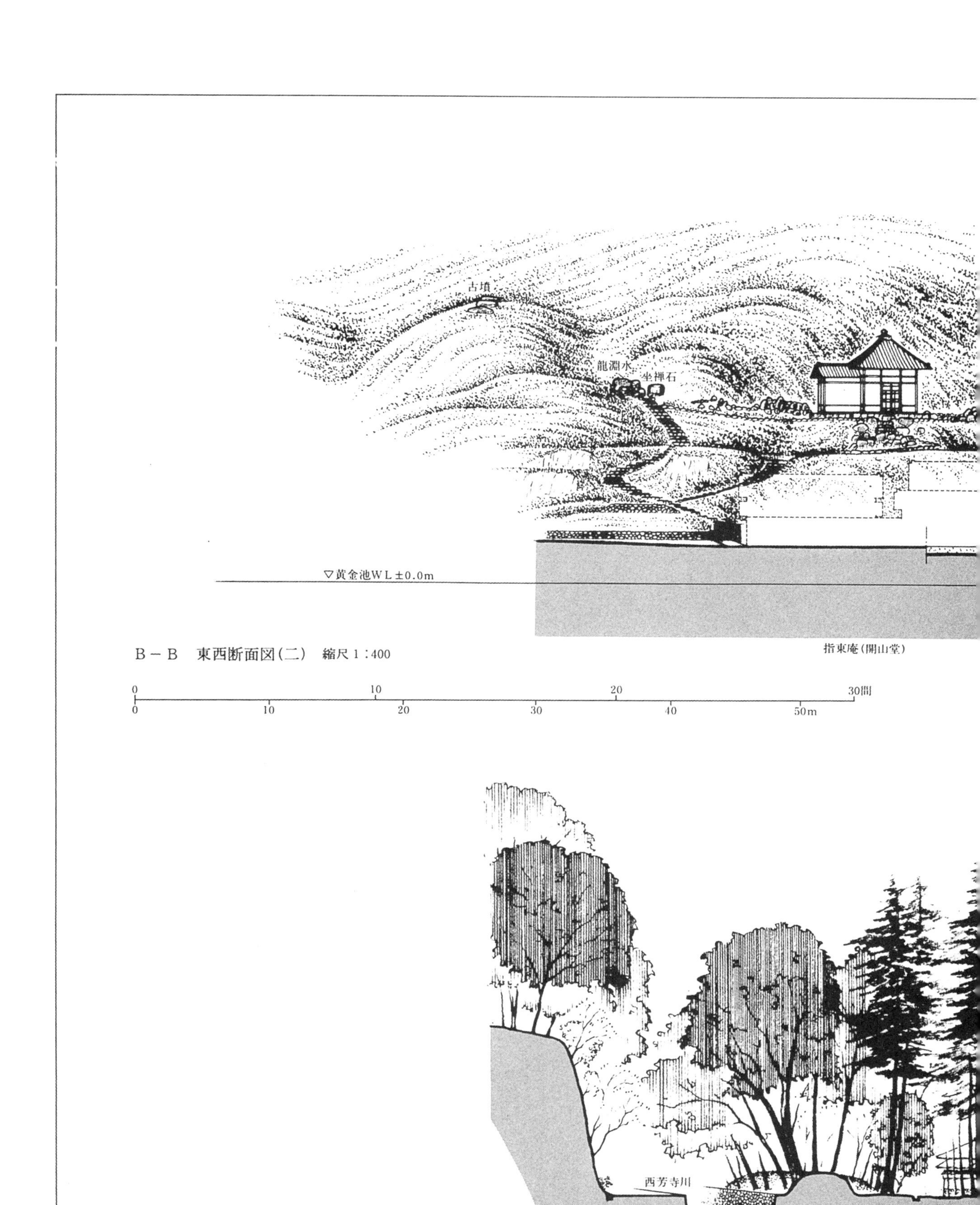

B－B　東西断面図(二)　縮尺1：400

A－A　南北断面図(二)　縮尺1：400

但都在应仁之乱（1467～1477年）中被烧毁。不过这里的的湘南亭与少庵的茶室湘南亭完全没有关系。

从湘南亭出来往东走，小路开始有了起伏变化，笔直地延伸至湖畔，变化丰富。池泉的东南处有一条东西走向的条形岩岛。它正南面的护岸上有三尊石组，看起来干脆利落、整齐有力。虽然不清楚这三尊石组有什么含义，但金阁寺庭园里苇原岛的中心与银阁寺庭园里白鹤岛的中心都有这个石组。金阁寺的三尊石组是在正面，而银阁寺的则是在东求堂的正面。但都是池泉庭的中心石组。由此可见，这个岛可能象征着蓬莱仙岛，与这石组相对的，应该还曾有几处庭舍。梦窗国师建造的湘南亭相传是在靠近黄金池南面的岸边小岛上，所以推测湘南亭可能就是在这块条形岩岛上。现在这附近的南边是西芳寺川的堤防，以前这儿曾种着一排柳树。

从池泉东岸向北走，在那儿眺望池泉风景绝佳。

岩岛和条状石岛的护岸石组纹路非常清晰锋利，有着一种北宋山水画中刚劲有力的感觉。而且从那个视角眺望朝日岛和夕日岛，有一种大和绘的优雅之美。

池泉东岸有可供休憩的潭北亭，是近些年建造的。不过这并非梦窗国师建造的那个潭北亭。另外，邀月桥可能曾经在这附近。

潭北亭的后面（东侧）有一条小溪，水流一直向北汇进一汪池水中，在这池水的北边有可能是梦窗的潭北亭所在地。池水与黄金池相连，池中有供休憩的座椅，四周被池水包围，所以很有可能这里曾经就是邀月桥。桥中央有一个小楼阁，从桥上走过的时候，有一种骑在大鲸鱼背上，漂浮在大海里的感觉。这与梦窗国师在多治见永保寺的池泉庭园中建造的无际桥应该是同一类。无际桥是一座大约有14.6米的大桥。

在桥上阁楼眺望池泉庭，应该有一种难以想象的庄严大气的美吧。

从池边休憩的地方沿着北岸向西走，那里有庭院里最广阔的平地，也是苔藓长得最美的地方。这里曾经是本殿西来堂，想象一下如果堂前有一棵巨大的樱花树，花开时繁盛热闹的美丽与现在眼前的青苔之美给人的感觉应该是完全不同的。另外，那时园中种植的树木以赤松和红叶为主，即使是没有樱花的时候，景色也是十分华丽的吧。

当时有一个岛叫白砂岛，岛上种着小松，那种美也是与现在池泉庭的幽静是不同的趣味吧。

在平地的北部山脚残留着一些石组，虽然已经崩塌，但当时用的是横条石长长地摆在一起，看起来很有特色，与池中岩岛的布置方式相同，看起来非常雄浑有力。

因为西来堂的后面曾是潭北亭，所以有人说这些石组是与潭北亭相对应的。水流汇入潭池的附近放置了一些奇形怪状的石头，水流在上面流淌，这一股清冷之意实在是让人喜欢。

洪隐山枯瀑

转到主殿后面，登上小山。登山口处有一座叫做向上关的门。这条极其蜿蜒曲折、台阶很陡的小路叫做通宵路。上了台阶，山路便向西延伸了。

左边有一群石组，仔细看原来是龟岛。曾经这里有一座梵仟禅僧篆刻的『西芳寺记』石碑，石碑之上曾有一座亭子，另外附近还曾有叫做卖风店、惜烟等亭舍。

从龟石组沿着山路向北走就是指东庵，传说此地曾经是真如亲王的住处，是厌离秽土寺的中心。指东庵是梦窗国师认为最神圣的坐禅地。足利义满将军来西芳寺赏红叶的时候，常常在指东庵的月下坐禅之后才回家。

后来足利将军家族代代都来西芳寺赏樱赏莲赏红叶。其中义教和义政来访次数比较多，也常常在池泉庭乘船游玩，但没有像义满那样登到此处坐禅修行。

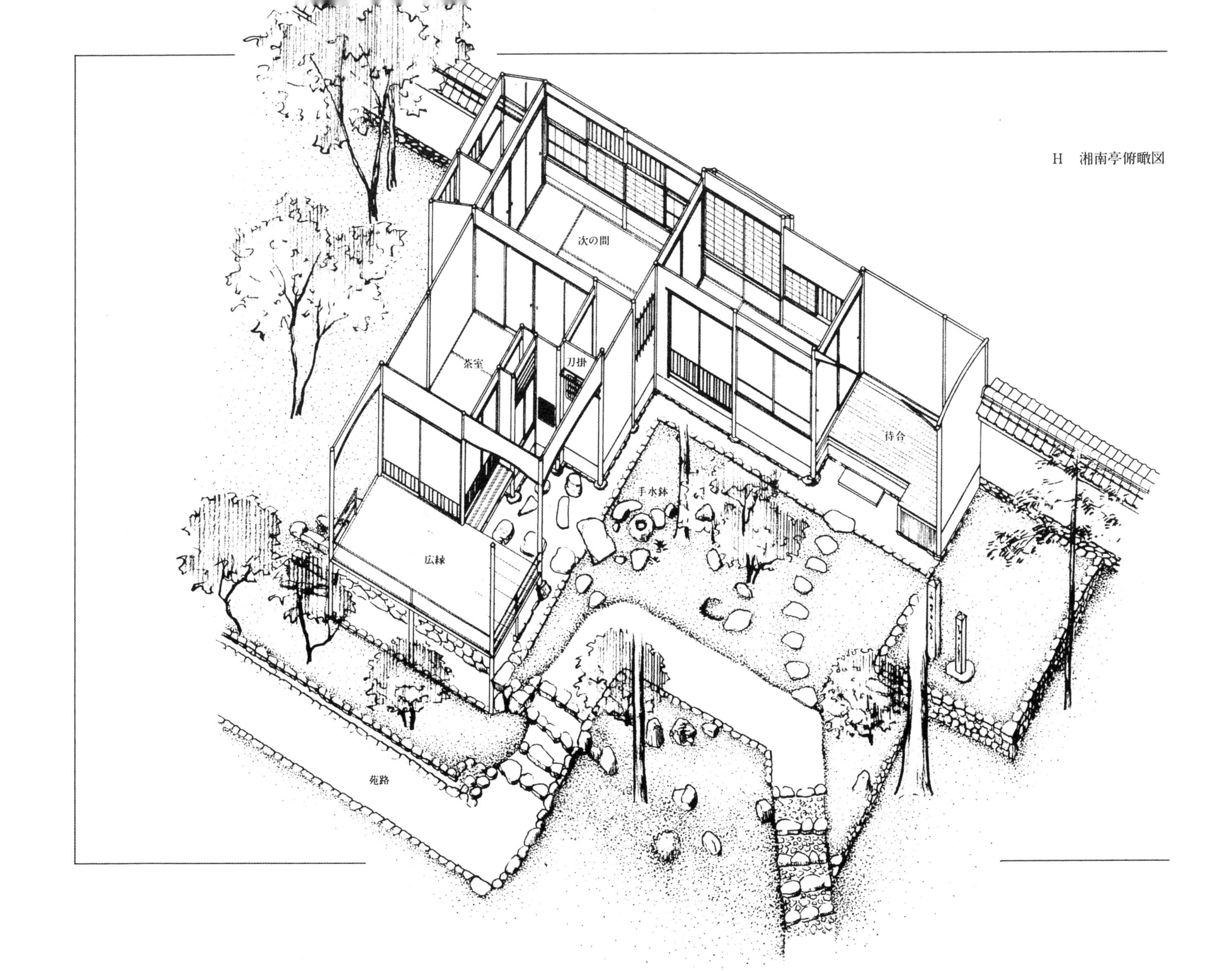

H　湘南亭俯瞰図

指东庵的东边就是枯瀑，由上、中、下三段构成。如果一直凝视着枯瀑，就有一种仿佛听见水花四溅声音的错觉，产生一种被激流所吸引的幻觉。

这里的石头棱角都格外分明，纹路十分清晰，如北宗山水画一样有着硬朗的线条。无论是平面还是立体，都是三角形的构造，看起来非常稳固，给人有一种强有力的感觉。在禅的景观中，没有比这更加刚劲有力的风景了，在枯山水景观中，这也是空前绝后的作品。

从指东庵向西走，可以看到龙渊水之泉，泉后有平滑如镜的石板伫立着。左右侧各有一块石头，潭底铺着小颗圆石。右手边有一块平滑的巨石，是坐禅石。金阁寺的银河泉与银阁寺的相君泉就是仿造这里的龙渊水石组修建的。这里成为蹲踞石组的原型。

观赏龙渊水是此行的终点。但在梦窗国师的时代，还有山路向上延伸可至洪隐山顶，山顶有座缩远亭可以用来远望。这样的上下两段的构造与山上望远亭的设置是梦窗国师庭园的一大特色。

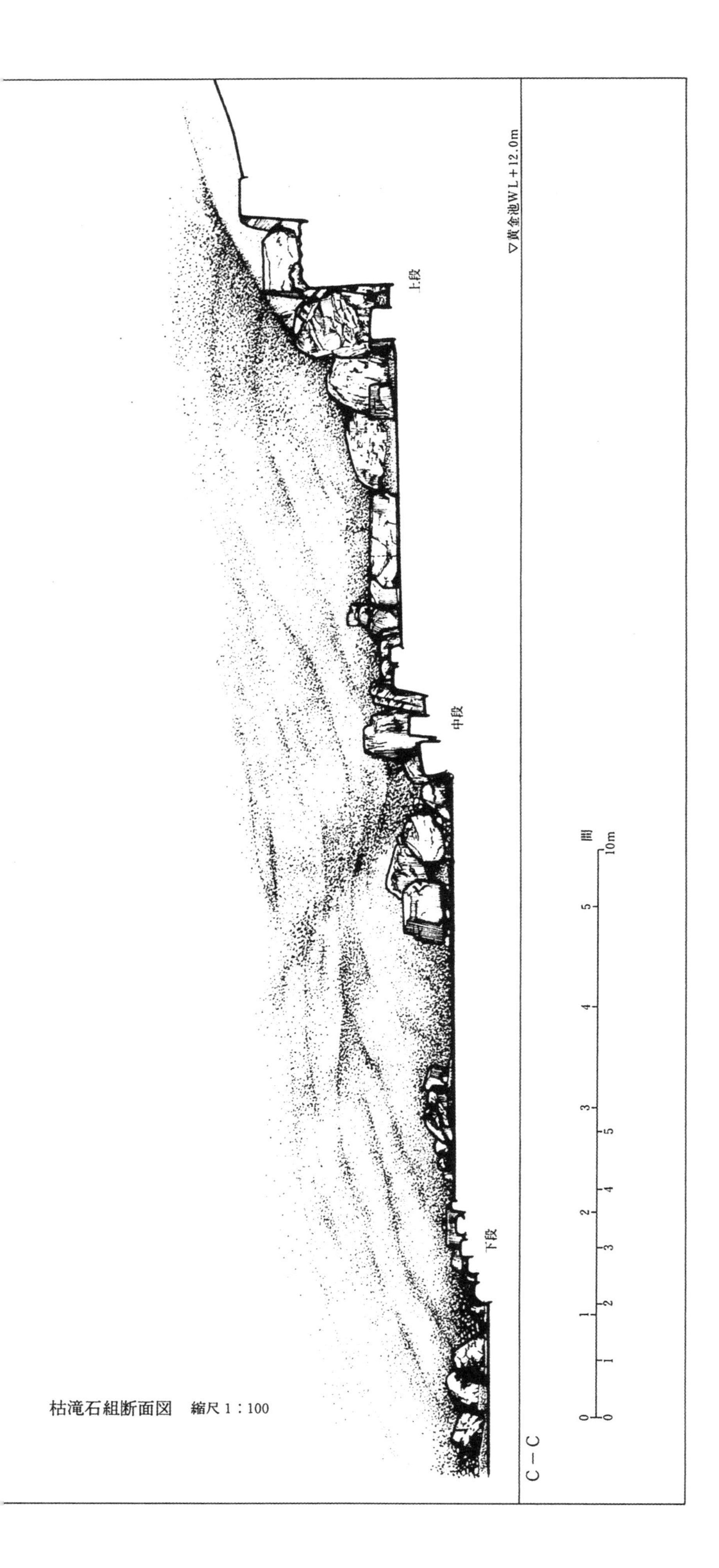

枯滝石組断面図　縮尺1：100

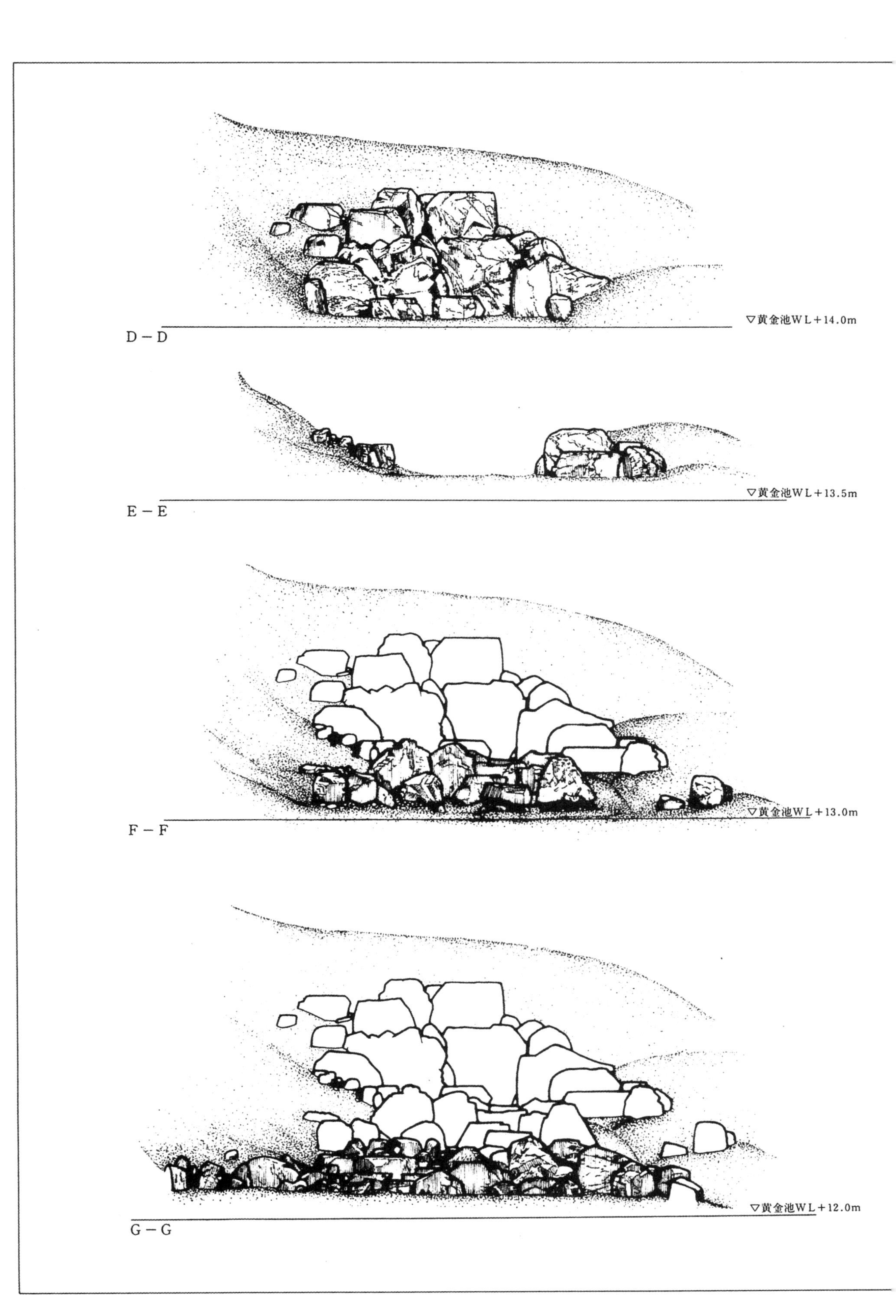
▽黄金池WL＋14.0m
D－D
▽黄金池WL＋13.5m
E－E
▽黄金池WL＋13.0m
F－F
▽黄金池WL＋12.0m
G－G

鹿苑寺金阁

义满的神仙净土

应永元年（一三九四年）十二月，室町幕府第三代将军足利义满在他37岁那年，突然将将军职位传给了儿子义持，第二年便辞去太政大臣的职务出家了。

义满的黄金世界

义满从过去很有权势的西园寺家族手中得到了一直未修理好的北山第，作为新的住所。经过大改造后，于应永四年修建完毕三层楼阁金阁，外墙贴有一层金箔。后世人评价其『忠诚而绚丽夺目地伫立着』。就是在这里，出家后因与中国明朝的贸易往来而坐拥荣华富贵的义满，创建了他的黄金净土世界。

金铜做的凤凰与匾额“究竟顶”。匾额上有复原时印上的后小松天皇的亲笔题字。

镜湖池边的三层楼阁金阁曾被称为舍利殿。它的独特之处在于它是二层以上的朝向池水的庭园建筑。

从东南方向看到的雪中金阁的样子。镜湖池就如它的名字一样，像镜子一般倒映出一种白色和金色的静谧之感。

将一片群山映得金灿灿的金阁庭园的正面。右前方是湖心岛、苇原岛的剪影。

金阁东面熠熠生辉的样子。火红的枫叶与蔚蓝的天空衬得金阁五彩斑斓。▶

在鹿苑寺庭园里广阔的镜湖池中漂浮着苇原岛及其他大大小小的湖心岛与岩岛，岸边有一些护岸石组，整体展现出一片豪华绚烂的景色。

镜湖池泛舟游

原路返回时泛舟于镜湖池，可以体验古代乘船游玩的感觉。

泛起金色涟漪的镜湖池水面与湖中央名为九山八海石的名石。

犹如海上停泊着的一列扁舟的夜泊石。位于金阁东侧，由四块石头组成。

镜湖池上观夜泊石与舟着石。

从金阁二层俯瞰夜泊石。金阁寺的夜泊石与西芳寺的夜泊石比肩齐名。

从金阁正面眺望苇原岛全景。左侧竖直的石头是细川石，中间靠右的巨大石组是三尊石组。

根据中国神仙思想中长寿不老的仙人居住的蓬莱仙境设计的鹤岛（左）与龟岛（右）。

金波荡漾中的鹤岛与龟岛。

岩岛与石组

现在池泉中散布着星星点点的石岛，基本上保留着义满时代的庭石的样子。其中苇原岛正面的石组是最正式的精心设计过的石组，是当时有威望的武将献上的礼物。这些石组以武将的名字分别命名为细川、畠山和赤松石等。这些石组也极具观赏性，不可错过。

◀ 赤松石。赤松家族献上的石组。水下部分约 2 米，露出水面的部分约 1 米多。

从金阁一层西侧名为“漱清”的走廊里可以看到脚下岩岛露出水面部分的全景。

由两块岩岛组成的富士山造型的畠山石。

以佛教中的乌托邦须弥山周围的九山八海为原型的九山八海石。传说险些被秀吉建造聚乐第时挑走。

苇原岛东端的略微倾斜着的细川石，竖直测量整块石头全长约为 2 米。

正对着金阁正面的苇原岛中心的石组。被称为三尊石组。

苇原岛西北部的护岸石组。远处可以看到半岛。

从平安时代起，贵族住宅就一直继承着寝殿造庭园的风格。

登金阁

一层的法水院和观音殿与二层的潮音洞就是这种风格。窗户是花头形状的。后将第一层和第二层住宅风格进行了设计改造，修建了现在第三层究竟顶，建立了禅宗样式的舍利殿。从金阁眺望庭院景色应该精美绝伦吧。

从苇原岛上看金阁正面。左手边是九山八海石与鹤岛，右手边靠里是夜泊石石组。

从高高的护栏或花头窗可以看出金阁第三层是禅宗风格的。从南面可以眺望镜湖池西北部的景观。

从金阁三层里面看到的东北边的风景。涂有黑色生漆的地板上映出的金色世界。

二层西室里岩屋观音被四大天王护持。复原后的吊顶壁画庄严肃穆。

从金阁二层西南角眺望半岛。左前方是龟岛，右边是淡路岛和入龟岛。

从“漱清”上看到的龟岛上的松树、入龟岛、淡路岛，以及左边富士山形状的畠山石的样子。

从金阁二层眺望九山八海石、鹤岛、龟岛（从左至右）。

金阁一层南面的宽檐廊。那根削角方柱被称为“蔀户”，是寝殿造的样式。北侧靠西的地方还有佛坛。

隔着方柱从金阁一层正面看到的镜湖池与苇原岛的景色。

金阁一层西边的水上走廊“漱清”，右边远方能看见伸出的半岛。

一边回望金阁，一边沿着小路继续向前，会经过一个叫做龙门瀑布的地方，这个名字源于中国黄河上游的一条瀑布。

游夕佳亭

遥望西园寺家族的守护神安民沢白蛇冢的石塔，沿着金阁寺垣往东而上，就到了与后水尾上皇有渊源的茶室夕佳亭。

金阁北面与秋意正浓的小路。

龙门瀑布的鲤鱼石。象征着跃上瀑布的鲤鱼。

安民沢。四周树木环绕，池水幽深。上面还有一座叫做白蛇冢的多层石塔。

跨过从安民沢流下来的龙门瀑布的小溪，通往夕佳亭的小路两边是金阁寺垣。

传说是建造银阁的八代将军义政生前喜爱的富士山形水钵与石灯笼，位于茶室夕佳亭的前院。

茶室夕佳亭外观。相传夕佳亭是凤林承章为了迎接后水尾上皇，请金森宗和建造的。后于明治初期重建。

从夕佳亭近观金阁。

俯瞰镜湖池。镜湖池水上漂浮着的苇原岛及鹤岛、龟岛与金阁十分自然地相衬着。

黑暗中灿烂地散发着光辉的金阁夜景。仿佛是义满所追求的美都凝聚在了此处。

金阁重现

江上泰山
鹿苑寺执事长

足利家第三代将军义满建造的北山殿，唯一遗留至今的就是金阁的舍利殿了。作为当时只能手足无措，远远看着愚昧无知的祝融子烧掉金阁寺的目击者之一，今日我撰写此拙文，想要重新回顾金阁寺史中历代住持，是如何度过应仁之乱后的混乱期及明治时期的废佛毁释的经济压迫；是如何为了保全金阁而费尽心血，为了保护金阁的传承而吃尽苦头的。正因为知道这些，所以才对金阁的消失更加感到心痛怜惜。

在修建之初，金阁曾设计在被池水包围的湖心岛上。后来将一部分湖水填埋起来，与陆地相连。这是新的庭园最大的改造部分，但对景观的影响较小。因为与陆地相连的部分在楼阁的后面，而且较为狭窄。但金阁的烧毁却是对整个庭园景观致命的伤害。的确，庭园与金阁的关系密不可分。正因为有了庭园才有了金阁，而金阁也成就了庭园，所以在金阁被烧毁之时，所有珍爱历史文化遗产的人才会感觉胸上燃起一种想哭又哭不出来的悲愤痛楚和突如起来的寂寥空落。

但烧毁金阁的这场业火，也是那个时代社会背景的一个缩影。

战后的废墟时代，可以说当时的人们根本不在乎也不关心历史文化遗产。现在回想起来，痛感社会的共同努力对于保护历史文化遗产有多么的重要。

昭和三十年（一九五五年）十月，依照金阁原来的样子，重建了新的金阁。没有人想到自己能亲眼见到义满当初建造的那个崭新的金光灿灿的阁楼的样子，所以所有人都为此感到激动不已。这种沉浸在幸福中的感觉如此清晰，让人恍惚以为回到了从前。

然而新金阁不堪三十年风吹雨打，金箔的颜色逐渐褪去，表层脱落较严重，底层的油漆也因长年受到紫外线照射而出现了白化现象。

这一次的翻修是将漆全部剥离，让金阁本身的原木部分露出来，再从底层开始重新修缮。这是一项大工程。原木的外层涂的是国产漆，为了形成坚固的漆层，共花费了六十道工序。为了保护漆免受紫外线的损害，当时还贴上了之前五倍的金箔。

世人普遍认为，只有幽寂才是美的，然而却并非如此。刚刚落地建成的，或者是刚刚修复完成的建筑上，散发出的木头和漆的香气，有一股新鲜强劲的美感。之所以对已经烧毁的金阁还留有深情，不是因为失去了所谓风雅闲寂的建筑，而是因为失去的是室町时代的建筑。

在修复完成之时，大家都因它美丽的姿容而欢呼雀跃。另外，鹿苑寺里金阁的重生，除了让人为往昔美景的回归而感到无限喜悦之外，也让人深切感受到文化遗产需要代代相传的责任。

义满的黄金世界

村井 康彦

黄金之座

我的人生中有一件非常遗憾的事，就是没能见到足利义满建造的旧金阁。在我的学生时代，昭和二十五年（一九五〇年）七月的时候，我带着来京都探病的双亲去了诗仙堂和银阁寺，但因为实在太疲倦，于是在去金阁的途中就返程了。然而那之后没到十天，就听到金阁被人纵火烧毁的事儿了。因此，金阁一直以来，对我来说都是一个特别的存在。最近，金阁重建，也重新贴了金箔，往日的灿烂光辉重放光彩，三层阁楼的金色影子清晰地倒映在镜湖池中。毕竟金箔本身的颜色就十分耀眼。果然，前来观赏的人也比往日倍增。原来金色是如此的有魅力啊。

不过，人们为什么那么喜欢金色呢？对于被称为是『黄金之台』的金阁主人足利义满，金色的世界意味着什么呢？

从汉倭奴国王印发现以来，逐渐地从古代的遗迹中也发掘出了一些金色的物品。有的是王冠，有的是长刀饰品或者耳坠等。它们经过一千五百年的岁月，仍然保留着昔日的光彩。因为金或是镀金本身就是不会腐坏的物质。由此可见，金色是象征着永恒生命的颜色。观古今中外，治理天下的统治者的王冠或者装饰大多是金子制成的，非是金色不可。这金色的光辉象征的是王权不灭。

但是，金色并不是那些君临天下的王者的专属色。大佛不也是金色的、很庄严肃穆的吗？

焼失前の金閣(昭和15年頃　黒川翠山撮影　京都府立総合資料館蔵)

足利義満像

说到金色的佛，就会想到《更级日记》的作者菅原孝标，在梦中见到的那尊金光闪闪的阿弥陀如来的像。这可能就是之前传说中，有女人在宇治平等院凤凰堂里，见到的阿弥陀像吧。这里的金色，是一种维护无上尊严与离开世俗向往极乐净土，保证时间永恒的颜色吧。在室町时代，对于支配着圣俗两个世界的足利义满来说，再也没有宛如金色里程碑一般的金阁更适合他了吧。顺便一说，在此之后，能拥有匹敌金阁这样金色世界的人，也只有建造『黄金茶席』的秀吉能与之相提并论了吧。不过，这『黄金茶席』也不过是三张榻榻米组合而成的茶席而已。而且对于秀吉而言，重要的还是大阪城或者聚乐第的天守阁，还有其中装饰的华丽绚烂的隔扇画和屏风画了。

金阁，现在被称为鹿苑寺，是有名的临济宗寺院的其中一个建筑。以前是义满的别墅北山山庄里的三层舍利殿。

在此之前，义满在京都背面室町今出川的地方建造了室町殿，永和四年（一三七八年）三月移居到了那里。那里也曾是菊亭家和室町家的宅基地，义满的父亲义诠将其买下来，建造了仙洞御所。永和三年的二月，义满继承了被大火烧毁的此地，并将其命名为柳营。在义满之前，尊氏的二条高仓殿、义诠的三条坊门殿都是在南边。由于室町今出川离皇居非常近，在此处建造宅邸意味着武家楔入了天皇公家的世界中。不过话虽如此，那一部分后来也逐渐地公家化了。

这里被称作为花之御所是仙洞御所时代之后的事儿了。室町殿落成后，将鸭川的水引入园中造了园池，各地的花草树木也都汇集到园中栽植好了。从此以后，将军家就被称作『花营』了。《花营三代记》中就记录义满、义持、义量三代幕府的故事。

义满成为花之御所的主人后，做的一件主要的工作就是在明德三年（一三九二年）闰十月时实现了南北朝合并。南朝本身只是很微小的存在，但正因为它的存在使得武家社会一直处于分裂的状态。实际上，足利将军家中就分为南北两派。从这个意义上来说，两朝合一使得室町幕府体制完全形成也毫不为过。义满在那两年后的应永元年（一三九四年）十二月，将将军职位传给儿子义持，第三年六月出家了。法号为天山

足利義満真蹟和歌二首

道有（后改为道义）。不过，尽管如此义满并没有完全不问政道。

西园寺别墅

西园寺公经曾在京都西北部的衣笠山脚下居住过。虽然具体时期无法详细得知，但应该是在承久之乱（一二二一年）以后了。

公经娶了源赖朝的侄女（一条能保的女儿）为妻，于是这个女人的身份从九条道家的妻子（所生的孩子三寅后来成为了第四代将军赖经）变为了亲幕派公卿的第一人，她在承久之乱后不再听命于后鸟羽天皇。因此，承久之乱后公经靠着在幕府中的权威，渐渐拥有了比摄关更大的权势。宽元四年（一二四六年）关东申次制度化之后，西园寺家族的地位更加得到强化。著作《自语》中的『曙之雪』这一人物的原型是西园寺实兼，在他那个时代，西园寺家族的威望达到了顶峰。实兼与《自语》的作者二条是恋人关系，后来还有了孩子。

公经在元仁元年（一二二四年），于此处建造了西园寺，后来又建了一栋别墅，不久之后就大致形成了寺院基本的样子。不过，与院政期的鸭东的白河殿、洛南的鸟羽殿一样，说是别墅，其实是住宅和佛堂的结合体。一般都是从很早以前，就开始考虑在离自己的住处有一点距离的地方，修建一些与信仰有关的建筑。所以，建造西园寺（本殿或妙音堂等）并不意味着别墅自身的居住功能就消失了。正如《平户记》仁治元年（一二四〇年）七月二十三日中记载的那样，这里被称作『北山相国禅门别墅』。而日记的作者（民部卿平经高）在这一天也去参加了持佛堂的法会。

在公经的寺庙建成之后的第二年的一月，来此地拜访的藤原定家在日记里记载了有关镰仓时代北山别墅和其中池泉的相关内容（原文为汉文）。

『巳时（上午十点）与中将一起去北山，看了胜地的美景，拜见了新佛的尊荣。大概每时每刻都在不断更新想法修建此地。每一件物品都是如此珍贵重要。四十五尺

銀河泉（義満のお茶の水という）

龍門瀑全景

的瀑布流水，宛若碧琉璃的湖水，泉水清澈见底，实在是无与伦比。未时（下午两点）左右踏上归程。』

文中『新佛』是指前一年刚刚建成的西园寺本殿中的佛像吧，但是园池泉石应该是以前就有了。『新想法』一词中能看出说的是造园的新思维，而这就是首次拜访别墅的定家的真实感受吧。从『每时每刻思考，每件物品珍重』这样的表达中仿佛能够推测出定家在这园池中散着步，感叹着园中所有美物的样子。这里应该曾是回游式庭园。

庭园里有面向湖面的钓殿，从那里可以坐小船游玩，所以这里曾经是典型的舟游式庭园。刚刚提到的《自语》卷三中记载，弘安八年（一二八五年）二月二十九日至三十一日，准三后贞子九十贺的盛典就在这里举行，在妙音堂举行音乐游艺会之后，又在钓殿乘坐了寺院之舟、东宫之舟、公卿之舟，在船上吟连歌作诗赋，欣赏舞蹈和音乐演出。

『从钓殿划船出发，看着长着旧苔的松树上，枝条交错的样子，这水好像不再是庭中的池水，而是有一种仿佛在浩瀚无际的大海上泛舟的感觉，好像「到了两千里之外的地方」一般，新院（龟山天皇）的御歌里是这样描述的——「分不清是在云里，还是烟波里」。』

虽然将池水比作海有点太夸张，但是没有其他的湖有如此的宽广程度了。另外，这次的宴会，因为贞子是公经的孩子实氏的妻子，她的女儿成为了后嵯峨、后深草天皇身边的人，所以当天，后深草和龟山天皇、后宇多天皇、东宫（后来的伏见天皇）为首的公卿殿高僧或女官都被邀请到北山别墅中来了。当时这件事除了记录在了《自语》中，还在《增镜》中被提及，可以说是西园寺时代的最大盛典了。而且，对于《自语》的作者二条来讲，这里是与爱人『曙之雪』（实兼）有关的场所，也是与自幼就定下婚事的后深草天皇泛舟游玩的地方，此地对她来说一定有着特殊的意义。在《自语》卷三中以北山别墅的这次宴会为结尾，卷四中就开始记述出家之后二条的漂泊之旅了。

銀閣(観音殿)

北山山庄

于是义满大约在应永初年得到了有着这样一段历史的西园寺家别墅。南北朝之后，西园寺实永感觉到昔日辉煌尽失，西园寺别墅也难以维持经营。于是，义满用河内的领地换取了这片地方。不过，就正如刚才所说，义满建造的室町殿旧址就是菊亭和室町两家的宅基地。这两家在其南边一条今出川那里修建了房屋，被称为是『一条的府邸』，曾经也是公经家的一族。从这一点来考虑，在义满决定修建室町殿的那个时点，入手北山别墅可能就已经在义满的计划中了。义满于应永四年（一三九七年）开始着手山庄的修建。

修建这个山庄，义满动用了很多大名的力量，所以也耗费了巨额的经费。根据《卧云日件录》中文安五年（一四四八年）八月十九日的日记中记录，金阁的费用在还未完成的当时就已经花费了28万贯，完全建成可能还需要100多万贯。《足利治乱记》也有记载，『负责修建的奉行有16人，下面还有普通群众2人，大和、河内和和泉的仆人、劳役』等，主要是差使了畿内大名的仆人。镜湖池中的细川石和赤松石就是证据。当时统治和泉和纪伊地区的大内义弘说，以这些土木工程并非在武士的职责范围内为由拒绝了义满的要求。这在两年后，成为了应永之乱发生的导火索。但是大内氏（政弘）也协助了义政修建东山山庄。现在仍然能看见东求堂前的池水中有大内石。东山山庄的建造方式基本上与北山山庄没有太大差别。

北山山庄在创建之初大致由两块构成。也就是舍利殿与金阁东面的义满居住的殿舍，与池水南面夫人（日野康子）的殿舍。这两块地方分别被称为是北御所和南御所（南御所的东南方向还有一个崇贤门院的御所），这与西园寺时代的格局是一样的，所以也是完全沿袭了之前的做法。

西园寺时期，这里曾有无量光院、功德藏院、成就院、妙音堂、法水院、池水院

西芳寺庭園

等佛堂殿舍（《相国寺塔供养记》中记载）还有前面提到的钓鱼亭与临池的二层建筑，池水院、法水院这些名字对于在池边的佛堂来讲非常合适，而且后来义满也将金阁第一层同样命名为了『法水院』（第二层叫潮音洞，第三层叫究竟顶）。一般都认为金阁是直接参照西芳寺（苔寺）的二层楼阁（琉璃殿、无缝阁）建造的，所以这也不一定是义满独创的。

但是，三层楼阁内外贴上金箔，以及在其后修建名为天镜阁的多层集会场所，并以空中走廊拱北桥相连的这个创意却是义满独有的。『从桥上来回走的时候，仿佛踏在虚空上一样，有一种禅僧的感觉』（《卧云日件录》）。又如『长虹横跨天际』（《翰林葫芦集》）一般。而且，在创建当初，金阁不是在现在的位置，而是在池泉中央，这种感觉会更加强烈。确实不得不说是一大奇观。

《足利治乱记》中记载，山庄的施工是从应永四年一月中旬开始的，因为很着急，所以四月八日义满就从室町殿搬出来，京城内大小名无一例外地都陪在两侧。义满外巡时的服装也是无法言喻的豪华美丽。不过，这里的记录有误，当时搬迁的时间实际应该是第二年的四月（《在盛卿记》中记载）。比较有趣的是，那之后建成的舍利殿，因为整体看起来仅仅用金箔和泥土做成的，所以京都的年轻人都叫它为金阁。如此一来，『金阁』其实是好调侃的京都年轻人而起的俗称。再后来，义政修建了东山山庄的观音殿，并没有贴上银箔但是却叫它银阁，大概是因为与金阁相对而起的这个名字。于是，不知从何时开始，这个俗称也就这样流传了下来。

在应永十一年（一四〇四年），七重塔在北山山庄建成。之前在相国寺里也修建了大塔，但应永七年，由于落雷引起的火灾被烧毁了，于是就换了地方建造了这个七重塔。在义满时代，这个大塔与金阁寺因其庄严的形象同时被世人敬仰。

然而，这个大塔在应永二十三年一月九日因为落雷而被烧毁。实际上传说当时施工还未完成就被烧毁了，于是打算在相国寺重建。但最后却没有再修建了。北山大塔的烧毁与义持的诸堂解体，促使山庄权势更加衰微了，不过这也是义满去世后的事了。

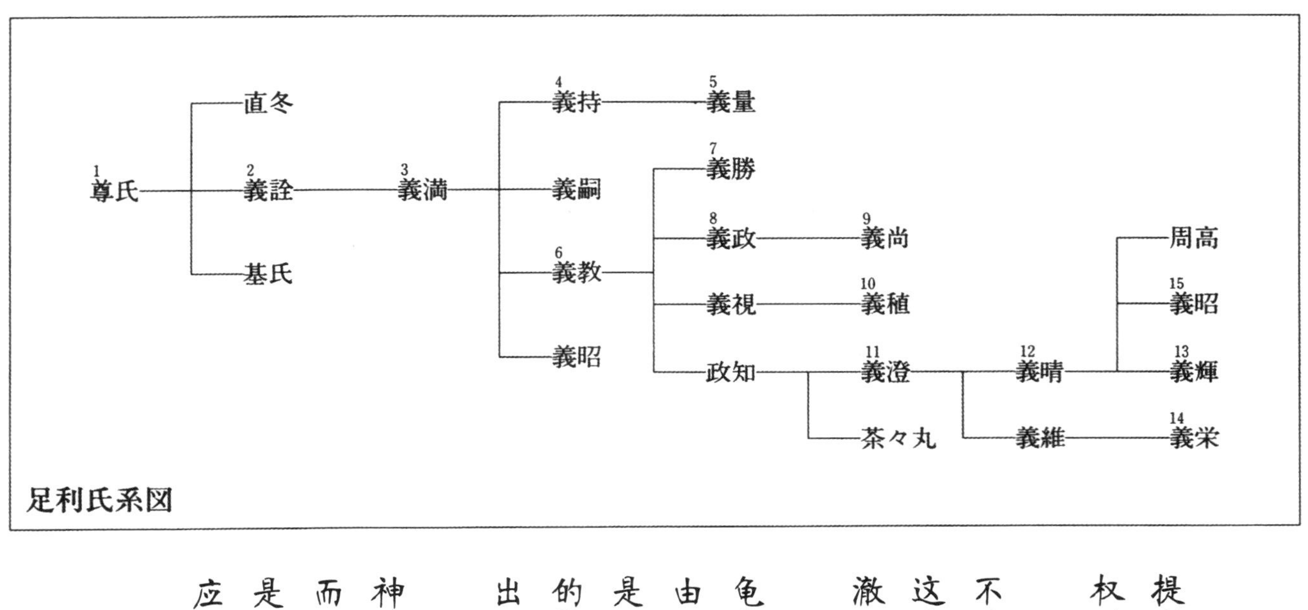

足利氏系図

神仙之池

话锋转回北山山庄草创期，大约是应永六年义满开始在这里长期居住。正如前面提到的那样，在此前第五年义满将将军职位让给儿子义持，但是手中仍然掌有政治实权，所以北山山庄一定不是非日常的场所。

而且，义满所造的庭园，究竟与西园寺家时代的庭园，到底在什么地方有怎样的不同，现在无法详细了解。但可以说仍然是沿袭着回游式、舟游式庭园的特征。因为这些特征都代表着王室的风格。那么，定家曾经极力赞赏的『碧琉璃般的池水』与『清澈见底的泉石』，那些石组究竟是什么样子的呢。

金阁的正南方，就是现在的镜湖池。湖中有着最大的岛苇原岛，还有淡路岛、入龟岛、出龟岛、鹤岛、龟岛等大大小小的石岛，也有像夜泊石那样的岩岛散布在各处。由于无法与镰仓时期进行对比，所以这些石组上即使有了新的变化，也无法快速判断是否是根据义满的喜好改造的。不过，正面的苇原岛上有细川石。这石头是辅佐义满的管领赖之敬献的物品，而且又作为重镇之石被放置在十分重要的地方，由此可以看出，这块石头与其他的畠山石、赤松石等命名的岩岛一样体现着义满的艺术构思。

从古至今，庭园建筑里都是包含着净土思想和神仙思想的。这里也是一个充满着神仙思想的地方。池水西部中央有半岛，正中间的苇原岛象征着住有仙人的蓬莱岛，而淡路岛也同样象征着神仙住处的瀛洲。另外鹤岛、龟岛，还有出龟岛、入龟岛都尽是包含着吉祥意义的仙岛。这里体现出的神仙思想与金色所包含的永恒的含义遥相呼应，营造出整个庭园池水的独特氛围。

鹿苑寺太上法皇

应永十五年（一四〇八年）三月八日，这个时节正是北山山庄最美丽的时候。就

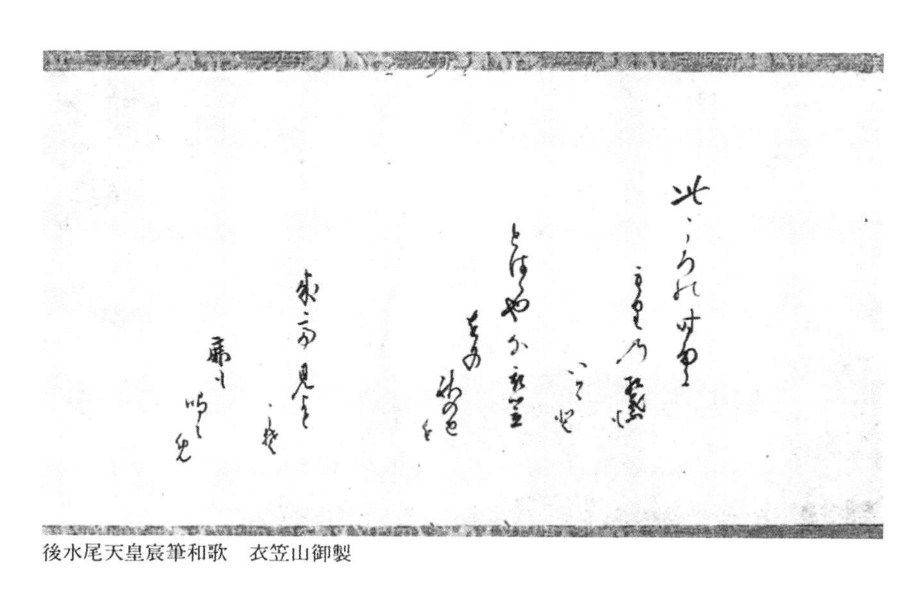
後水尾天皇宸筆和歌　衣笠山御製

在这一天义满和义嗣父子迎接后小松天皇来到这里，之后举行了廿一天之久的宴会。这一次的天皇外巡，可以与之后的称光天皇的室町殿外巡（义教时代）、正亲町天皇的聚乐第外巡（秀吉时代）、后水尾天皇的二条城外巡（秀忠和家光时代）相提并论。而且重要的是，这次外巡开创了举办盛大宴会的先河。

在《北山殿行幸记》中记录了这次的宴会，成了这种类型的游记的先例。而且金阁北面的会所——天镜阁也成了举办宴会的主要场所。

镰仓初期以来，会所这类游乐场所的出现，主要是与和歌会的兴起有关。当时会所就是指众人聚集的场所，并没有专门的房间或者建筑物。后来因为除和歌会之外，连歌会、茶会也逐渐流行，还有猿乐这样的文学艺术的出现促使了后来的会所里有了特定建筑物。这样的会所在义满时代，以将军家为代表的武家社会形成了一股潮流。

第一间这样的会所首次出现在了义满的室町殿（一三七八年建造）。与有着正式庄严的建筑群的寝殿造风格不同，鹿苑寺是有着观音殿、小御所和泉殿的朴素自然的建筑群风格，其中就会设有一间会所。顺便一提，义持的三条坊门殿（一四〇九年建造）中最初只有一间会所，永享元年（一四二九年）又在里面建了另一间，并命名为里御会所，而以前的那间命名为东御会所。不过里御会所是义持去世后义教修建的。义教从永享三年（一四三一年）起花费了八年时间建造了室町殿。而在这八年间，其中连续三年修建了南向会所（一四三二年）、会所泉殿（一四三三年）、新会所（一四三四年）三间会所。从这里可以看出，这个时期对于建造会所的热情非常高涨。这与将军家文学艺术盛会的大势兴起有着紧密的联系。而且可以说，会所是理解中世的武家文化最有效的关键词。北山山庄的天镜阁就是这种类型的会所。另外，天镜阁里装饰着很多从中国传来的物品与绘画。由此可以看出，义满想要通过将舶来品置于庄严的空间中的形式来显示自己的上皇身份去迎接天皇的到来。

这里，无需逐一去考查义满逐渐把自己当做太上天皇的过程。应永三年（一三九六年）九月，义满在延历寺受戒，而受戒仪式就是模仿法皇的受戒仪式举行的。同年的

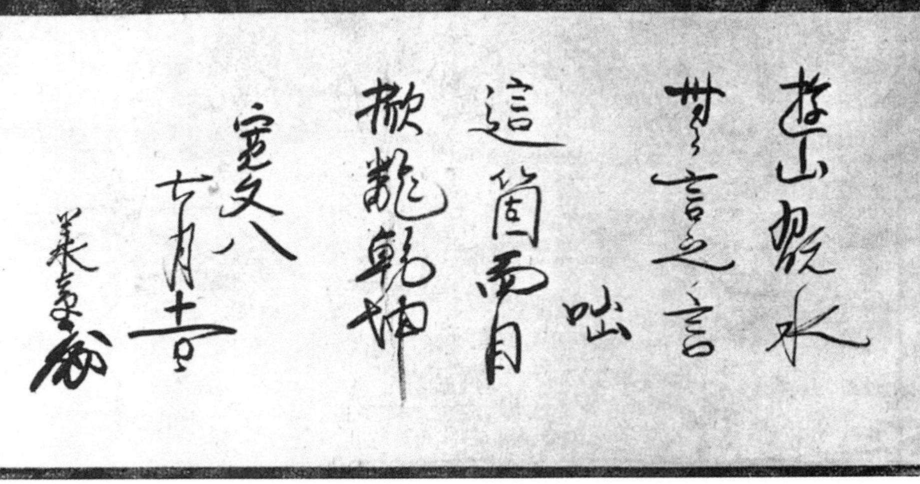

鳳林承章墨蹟　遺偈

九月，供奉相国寺大塔时，也模仿了上皇外出参加仪式的做法。尤其是在应永十三年（一四〇六年）十二月，由于妻子日野康子成为了后小松天皇的准母准三后，义满也自然成为了准父，也就是成了天皇的父亲——上（法）皇。以此身份举办宴会，义满参照上皇的做法也是理所当然的事，把他的儿子义嗣看做是亲王也并非是毫无道理的事情。然而义持将军却完全没有插手北山山庄的宴会。这也许是因为义满溺爱义嗣，却一直疏远义持。

北山山庄连续好几天举行了连歌、和歌、蹴鞠、猿乐、舞乐、水上泛舟等活动，还准备了美宴佳肴。

不过有一点不可思议的事是，那时猿乐的表演者是近江猿乐的犬王道阿弥，并不是义满宠爱的世阿弥。《北山殿行幸记》中并没有记载十五日晚上，在崇贤门院（后小松天皇的父亲，后元融上皇的生母）御所中演出《猿乐》的演员名单，不过在《教言卿记》中记载了当时的演员是犬王道阿弥，共演出了7曲。但是关于此事，援用在世阿弥的著作《申乐谈义》中收录的十二权头康次的书信的话，一般说法都认为世阿弥在当时也参与了演出。这封书信是在正长元年（一四二八年）八月四日写给世阿弥的，里面报告了前一个月在室町殿表演获得好评的事情，并感谢了世阿弥的指导。信中这样说到，『早些年我向您提出请求指导我的技能训练，您当时接受了。后来在北山的时候，您又细心指导了我，这些事情至今仍不能忘怀，请允许我现在跟您传达谢意。』

但这里所说的『在北山的时候』，指的是义满开始在北山山庄居住的时间，也就是应永年间。仅凭这一段文字就判断世阿弥曾经在北山山庄的崇贤门院御所演出过好像有些牵强。也有可能是记录时漏掉此事了，但当时是提到猿乐就会想到世阿弥的时代，所以恐怕不能这样简单地一概而论。毕竟曾经道阿弥的确十分受义满青睐。这可能需要重新去考查世阿弥在晚年义满心中的地位了。

宴会在北山山庄持续了二十多天，公家武家都玩得很尽兴。然而对于义满而言，这次的宴会仿佛是最后的余晖。在两个月后的五月六日，他因染上流行病而去世。四

和暦	西暦	鹿苑寺金閣庭園関連年表
貞応元	一二二二	八月、西園寺公経、太政大臣となる。
元仁元	一二二四	十二月、北山に西園寺落慶。
二	一二二五	『明月記』正月十四日条で、西園寺の景観に言及。
寛元二	一二四四	八月、西園寺公経没。七十四歳。
延文三	一三五八	四月、足利尊氏没。五十四歳。八月、足利義満生れる。
貞治六	一三六七	十二月、足利義詮没。三十八歳。
応安元	一三六八	十二月、義満、足利三代将軍となる。細川頼之、義満を補佐。
永和四	一三七八	三月、義満、新邸室町殿(花の御所)に移る。
永徳二	一三八二	義満、左大臣となり、九月、相国寺創建を発願。
三	一三八三	六月、義満、後小松天皇より准三宮に叙せられる。
明徳三	一三九二	八月、相国寺落慶。十月、南北両朝合一なる。
応永元	一三九四	十二月、義満、将軍職を辞す。同月、太政大臣となる。
二	一三九五	六月、義満出家。
四	一三九七	一月、義満、西園寺家から北山別業を譲り受け、山荘(北山殿)の造営開始。四月、金閣上棟。(『在盛卿記』翌五年上棟説)
六	一三九九	一月、応永の乱おこる。
一一	一四〇四	四月、北山山荘に七重大塔立柱の儀を行う。
一三	一四〇六	十二月、義満夫人日野康子、准三后(准后)となる。
一五	一四〇八	三月、後小松天皇、北山山荘に行幸。五月、義満没。五十一歳。
一六	一四〇九	十月、義持、三条坊門殿を再興し、これに移る。
二三	一四一六	七重大塔、焼失。
二五	一四一八	一月、義持、弟義嗣を殺す。
二六	一四一九	十一月、日野康子没。山荘のうち舎利殿(金閣)、護摩堂、法水院以外、取り壊す。
二七	一四二〇	この頃、北山山荘を鹿苑寺に改める。
正長二	一四二九	三月、義教、六代将軍となる。
嘉吉元	一四四一	六月、義教、殺害される。(嘉吉の乱)
三	一四四三	七月、七代将軍義勝没。弟義政が後継者となる。
文安六	一四四九	三月、義政、元服。四月、八代将軍となる。
応仁元	一四六七	五月、応仁の乱おこる。六月、鹿苑寺罹災。金閣は免れる。
文明一四	一四八二	二月、義政、東山山荘着工。
一九	一四八七	六月、義政、観音殿(銀閣)造営の参考のため、金閣を見る。
天文七	一五三八	六月、梅叔法霖、金閣を修理。
天正一三	一五八五	七月、豊臣秀吉、関白となる。
寛永年間	一六二四〜一六四四	この頃、金森宗和、茶室夕佳亭を建てる。
慶安二	一六四九	一月、金閣修理着工。
明治七	一八七四	夕佳亭、再建。
三七	一九〇四	金閣、半解体修理。
昭和二五	一九五〇	七月、金閣炎上。
三〇	一九五五	十月、金閣復元・再建。
六二	一九八七	十月、金閣漆箔修理完成。

月二十七日开始发病，进入五月后病情直转急下，六日晚逝于北山山庄。享年51岁。根据当时的记录，天皇有赐予义满太上天皇尊号的意向，并且已经下旨了，但不巧的是，重臣斯波义将被辞退了。因此义满没有正式地成为太上天皇。不过，京都的嵯峨临川寺中他的牌位上写的是『鹿苑寺太上法皇』。这个命名也算是包含了对义满的真实想法。

金色与黑色

于是，这座黄金楼阁的主人就在这永恒之色的怀抱中逝去了。在之后的一段时期里，义满的儿子义持将军在此处居住。然而对于义持而言，这里却是充满着憎恨之情的地方，他将幕府的殿舍移到了三条坊门，并在北山准母日野康子死后（一四一九年），拆掉了除舍利殿（金阁）等极小一部分以外的其他建筑，这里也由高贵之地变成了下赠之物。北山山庄也至此拆除了。在此之前的应永二十五年（一四一八年），义持刺死了义嗣。北山山庄在之后被当做是义满的菩提寺，被称为『鹿苑寺』，但在遭受战乱之火后变成了一片废墟。直到江户时期后才再次得到修整。江户初期住持凤林承章的日记《隔蓂记》中有一段关于当时情况的珍贵记录。茶席夕佳亭是承章与其好友金森宗和共同的作品，不过现在我们所见的夕佳亭是明治初重建的。

在回顾金阁历史的过程中，也能窥见武家文化的一角。但是金阁总是会被拿来与晚九十年的应仁文明治乱之后义政

夕佳亭内部

所造的银阁做对比。一般的说法是，北山山庄的金阁象征着室町前期的文化，所以被称为北山文化，而东山山庄的银阁象征着室町后期的文化，因此被称为东山文化。

但是我对这个文化史的时期划分有个疑问。如果这样划分也意味着应仁文明治乱前后庭园建造的审美意识发生了巨大的变化。在村田珠光的《心之文》中有这样一个说法，即『模糊和汉之间的界限是很重要』。这一说法是想改变之前人们一味喜好舶来品的习惯，逐渐让人更多去关注日本自有的物品，比如去关注备前物或信乐物这样的京都濑户以外各地的陶器的朴素的美。所以他主张将这种朴素的美与舶来品进行融合。后来到了十六世纪初，这样的主张发展成为了『如果加以巧思和趣意，和物将比金光闪闪的东西更胜一筹』的想法（《禅凤杂谈》）这里的『金光闪闪的东西』就是指舶来品。这种想法认为和物可以代替舶来品，显示出来当时和物的审美价值得到了肯定。银阁的东山时代正是处于这个过渡时期。尽管也可以将北山文化看做是广义的室町文化，但是无法将东山时代看作是独有文化形成的成熟期。到了十六世纪中叶才是文化发展的繁盛期，即天文年间。所以近年来将这一时期的文化称为天文文化。

与此同时，眺望金阁时心中也会产生一个疑问，那就是与金色相对的色调是什么颜色呢。我认为是黑色，可能这个想法有些奇怪。确立于天文年间，发展至天正期的茶汤世界里一边是秀吉喜欢的黄金茶席那样金色的世界，而另一边则是秀吉讨厌但利休喜欢的黑茶碗（《宗湛日记》）。利休认为『黑色是古旧的心』（《松屋会记》），并指导长次郎完成了黑乐烧的创作。对于利休而言，黑色才是历经年岁才会产生的庄重的颜色。这才是真正的永恒之色。这么说来，金色与黑色是一对有着相通之处，却在本质上完全对立的颜色。大概这也是金阁在黑暗中发出光芒时更加美丽的原因吧。

（国际日本文化研究中心教授）

庭园解说　鹿苑寺金阁

斋藤　忠一

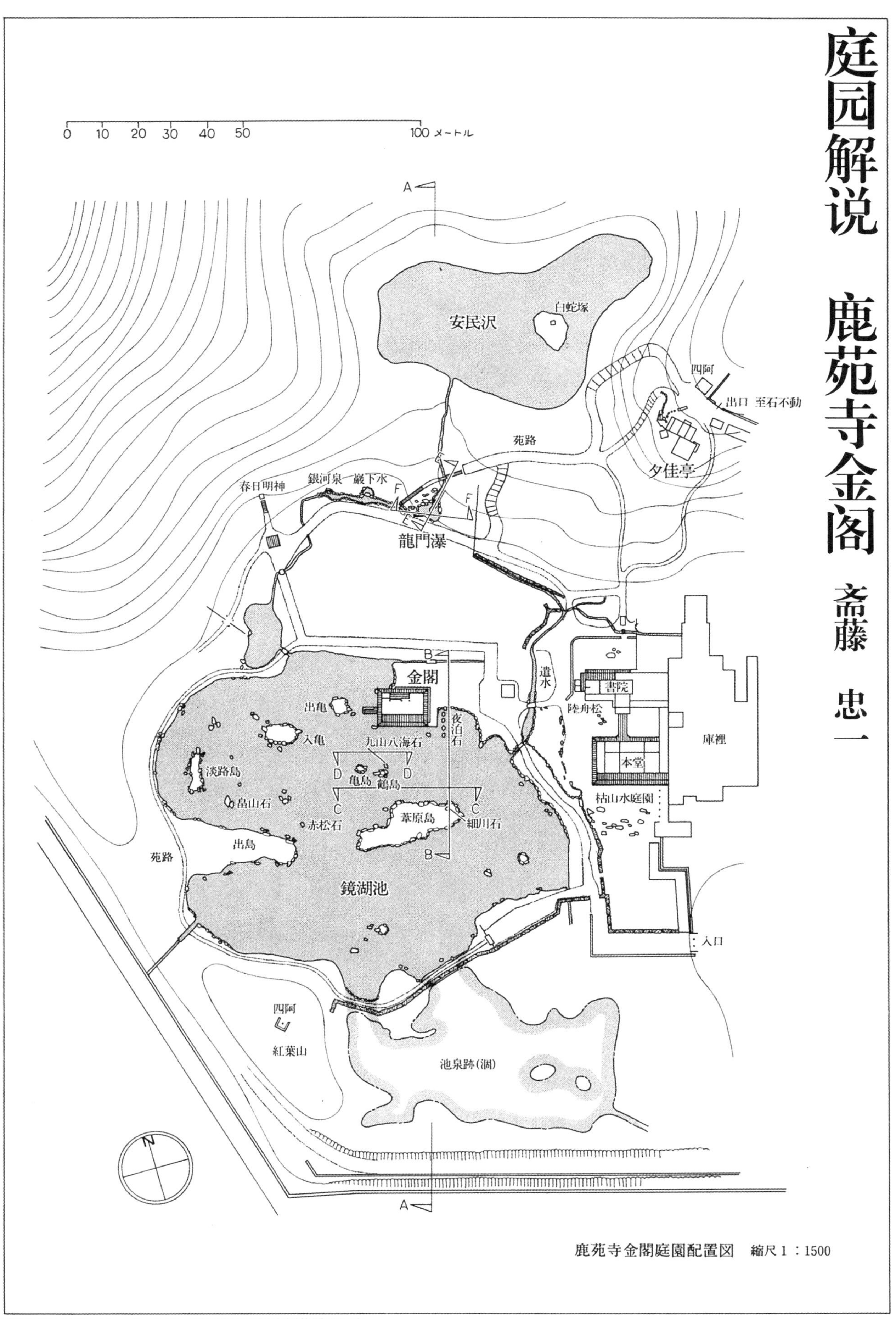

鹿苑寺金閣庭園配置図　縮尺1：1500

配置図中のアルファベットは、以下の図面の実測位置を示す。

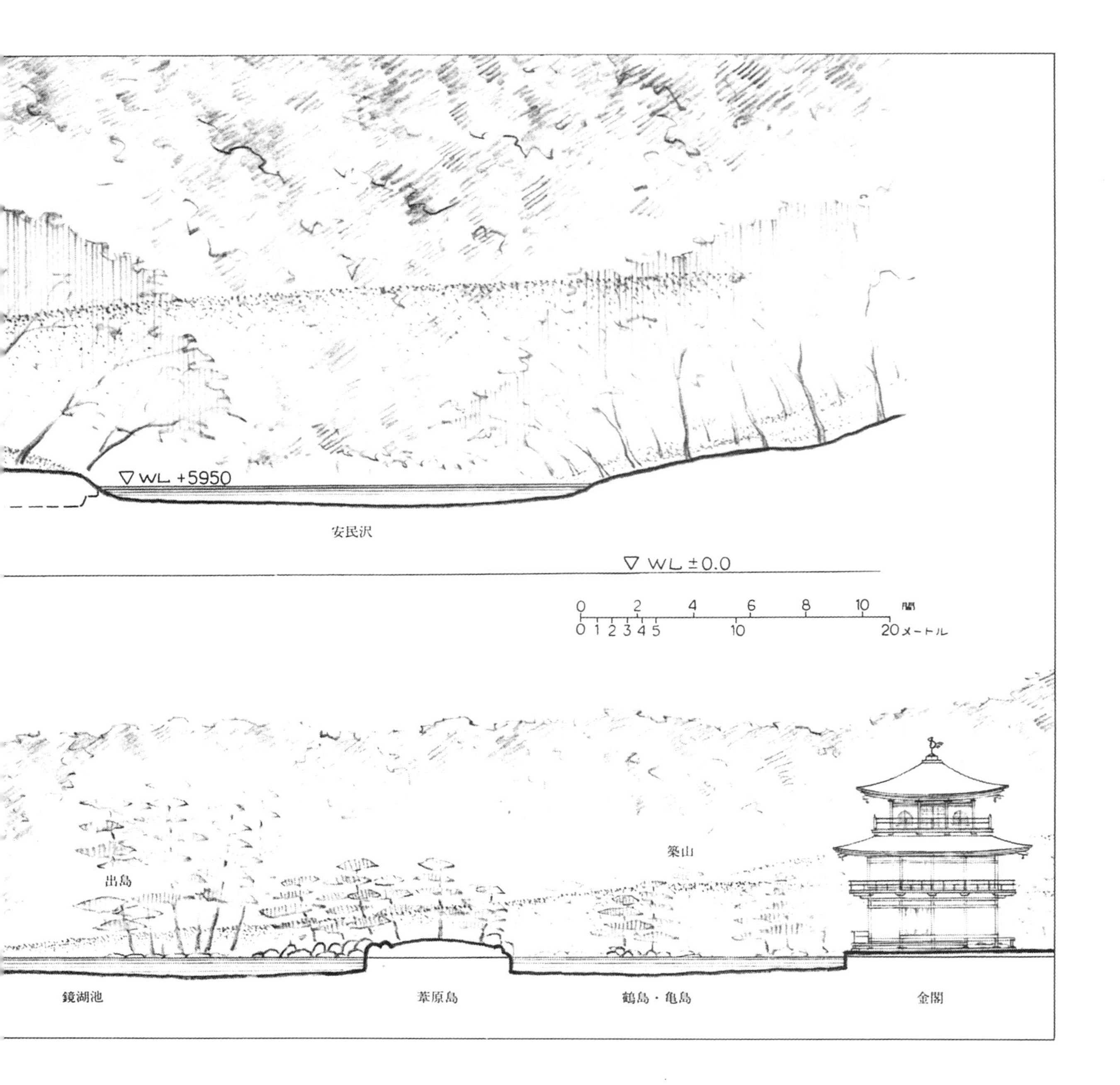

钓殿之踪

进了大门后，沿着一边是泥墙，一边是绿篱的小路向西走，然后九十度向右折，就会听到『啊』的一声感叹。这是第一次见到金阁（舍利殿）时，无论是谁都会情不自禁发出的感叹。

左前方四十五度的方向，金阁立于水面之上，发出令人炫目的光辉。

这附近的苑路是最佳观赏金阁的地方，即一进庭园就可以见到最美的风景。

通过突然的一瞬间展现最佳景色，这样的苑路构成手法常在桂离宫或修学院离宫的庭园中见到。但在这里却并不是故意而为之的，而是最常见的参观路线自然而然就是从最美的视角开始的。

这里可能在西园寺时代与义满时代曾有钓殿。钓殿与主殿（这里是金阁）通常都是放置在互相观看最美的位置。在那个时代，如果不乘船而只是心情愉快地观赏池泉，通常都会选择从钓殿开始。由于在建造时期就十分重视从钓殿望出去的风景，所以在这附近看到的金阁的景色非常美丽。

当时的钓殿应该非常大，天皇出游时的诗歌宴会就选择在这里举行。

左边面前的小岛，大概是与钓殿相对的龟岛的辅助景色。而对面左边的大岛，是位于池泉中央横跨东西的细长的苇原岛。

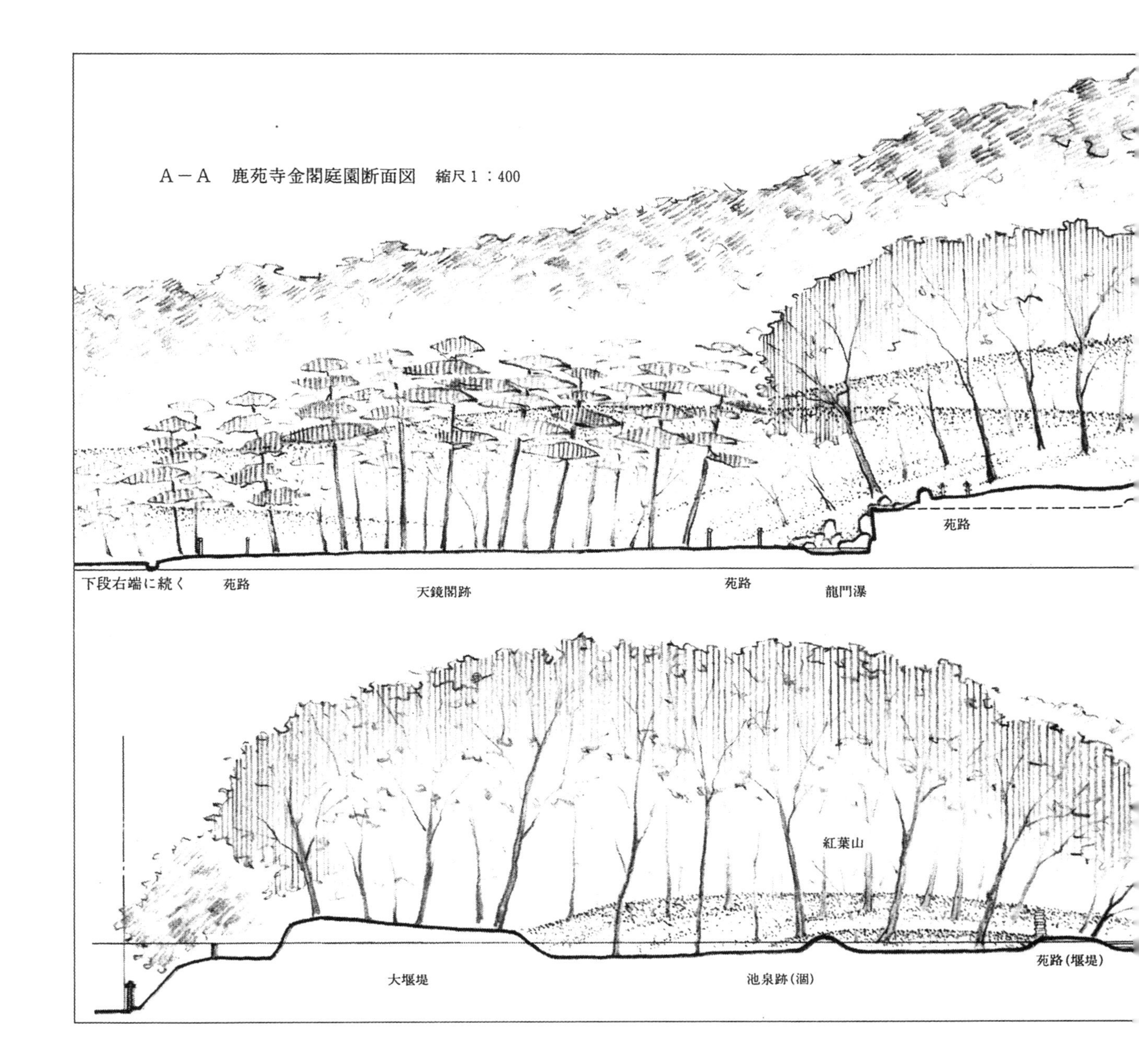

避风港

在听到感叹声的那个地方附近是池泉（称为镜湖池）的东南角，现在成了池尾。从那里往西看，苇原岛与南岸之间水面非常宽阔，甚至有点空荡荡的寂寥感。南岸现在的主要景观是红叶，附近仅有几座岩岛。

如此宽阔到寂寥的水面是行舟的航路，尤其是靠近西边里面的地方，小河湾的松树阴影里是一处避风港。远远望去，西岸边竖直立着的护岸石组看起来朦胧隐约，给人一种蓬莱连山的感觉。

苑路

沿着东岸的苑路向北走，感觉金阁离池头的松树又近了一点，金阁也越加光芒四射，让人情不自禁被这样的光辉带来的眩晕感吸引着、感叹着，等回过神来发现不知不觉已经走到了金阁的旁边。然后离它越来越近，愈发目不转睛，觉得更加美丽了，这样想着，已经走到了金阁的后面，到了和它说再见的时候。

正因为这样相遇的一瞬是如此的美丽，所以在分别之时会感到一丝落寞。于是，一般人都想要再沿着池泉绕一圈，所以继续会往银河泉的方向走去。这是一般沿着苑路观景的线路。

泛舟游

尽管这个池泉庭是按照回游式兼舟游式庭园建造的，但是西园寺时代与义满时代在此地游览的方式主要还是乘船游玩。

金阁的东侧屋檐下有一处码头，与这里大约一间的平行位置有四块石头呈一条直线排列着，这些石头被称为是夜泊石，象征着小船停泊的港口。夜泊石有驶进码头后固定船只的作用。

从这里乘船划出去，慢慢就会靠近中央的苇原岛，正对着岛的东面，这个角度看细川石的姿态格外引人注目。向东倾斜的姿态，看起来像行船时船头的样子，有点像在驾驶苇原岛这艘船的船舵一样。苇原岛是『丰苇原水穗国』，象征着日本。

仅十一岁就继承将军职位的义满，营造了这个北山第，维持了稳定的院政政治。这个成就中也有管领细川赖之的辅佐功劳。所以细川石也暗示了细川赖之是管领日本国发展的掌舵手。

夜泊石

金閣

0 1 2 3 4 5 間

0 1 2 3 4 5 10メートル

净土之景

游船在经过苇原岛的东端后，向钓殿之踪附近划去。通常都会在钓殿上下船。

如果改变船行方向，向西边划去，能透过苇原岛的松林看到远处金阁。那松树的翠绿像剪影一样在金阁上映出来，而金阁在其中若影若现。偶尔二层的观音殿突然出现，偶尔一层的释迦如来殿突然出现。

听说在有月亮的晚上泛舟在池泉中赏一整夜的景也不会腻。月亮还没出来的黄昏时分，金阁已经亮起了灯。如果早早地划船出来，透过苇原岛的松林看金阁，会发现金阁在薄暮中轻轻地漂浮着，室内的尊像隐隐约约可见，完全像是置身于净土世界。

等月亮爬上来后，把船停在码头边的河湾里，开始举办管弦乐宴会。除了划出龙头鹢首两只船外，将酒船也开出来，演奏乐曲，开设酒宴，咏歌作赋。有时候也会在湖心岛上表演奏乐。

义满这次举办宴会是为了招待后小松天皇行幸，也是为了赏花。二十一天的时间，

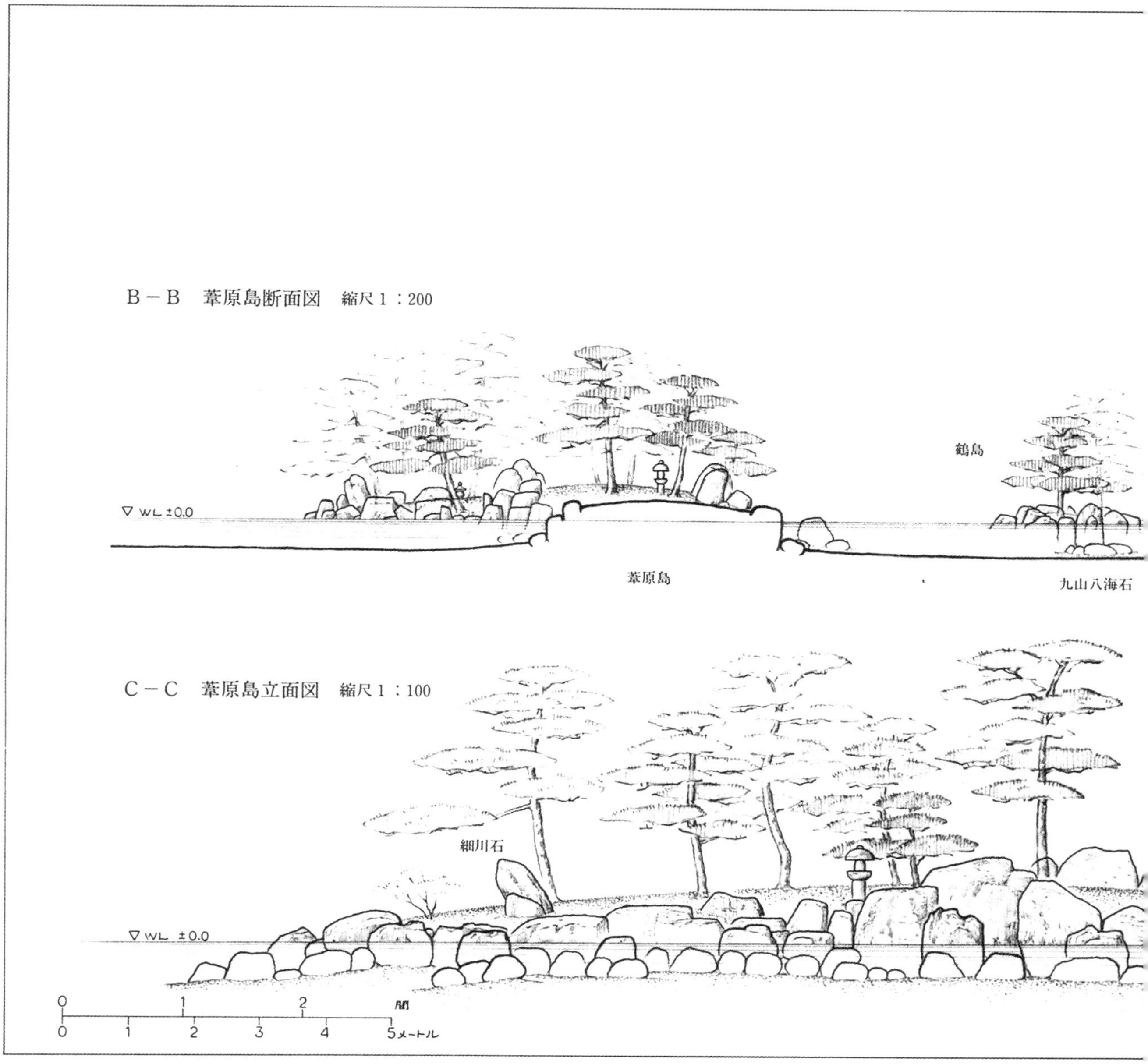

B－B　葦原島断面図　縮尺1：200

鶴島

▽WL ±0.0

葦原島

九山八海石

C－C　葦原島立面図　縮尺1：100

細川石

▽WL ±0.0

0 1 2 間

0 1 2 3 4 5メートル

前半段一直都在下雨，所以都是开设室内宴会。三船仪式的泛舟游也就仅仅是在池边燃起篝火。

可能曾经也有观赏夜樱的泛舟游吧。传说西园寺公经曾经在金阁寺内的山峰上都种过很多樱花树。这样的樱花的景趣也是金阁寺的四季之美之一吧。义满在总门里的左右两侧也密密地种植了一排樱花树。

金龟与金鹤

在宴会举行的时候，站在码头边上眺望金阁，这时景色是最美的。苇原岛和西边的半岛，鹤岛与龟岛都是这个视角的中心。

将船向金阁的方向划去，苇原岛的西端用一些大小不一平陡也不同的石组造了一副如海滨礁石的景，而那对面就是金阁，映在水面上闪闪发光。水面荡起的涟漪化作金色波浪，而金阁与苇原岛之间的龟岛与鹤岛仿佛在这金色波浪中游泳，于是真的仿佛变成了金龟与金鹤的样子。可能正是预先就设计了这个效果，两座岛才被放置于此处的吧。

再离金阁近一点，那金色的光仿佛从天上倾斜下来一般，头上仿佛有凤凰起舞，有龙游走，让人产生一种被幻象般的氛围笼罩的感觉。金阁二层的宽檐壁画也给人同样的感觉。

石组

不回码头，而是改变方向向西航行。这

里有几个大大小小的岛，岛影重合，与之前的风景不太一样。

金阁西侧的走廊『漱清』下面有出龟岛、入龟岛、西岸附近的大岛淡路岛，左手边有两块石头组成的畠山石，半岛前端附近有一块石岛赤松石，还有其他各式各样的岛。

这幅景色中的石组的亮点非常引人注目。如天空般平整的长条石横置在水中，左右两边有边缘较锋利的石头。这样有特色的组合影响了银阁寺庭园的建造。

其中比较突出的畠山石和赤松石由于是畠山氏或赤松氏赠送的，所以是这样命名的。但其中其实还隐藏着深意。畠山氏和前面提到过的细川氏一样是『三管领』官职，支持着义满。而赤松则祐在南朝进攻足利幕府闯入京都时，受将军义诠之托，将四岁的义满带回了自己的领地播州白旗城保护起来。这些经历也记录在这些岩岛石组中。

从金阁远望

从第一层的法水院看池庭景色，正面有如屏风画般的苇原岛横在水中。岛中央有三块巨石伫立。中央的石头约有一间（约1.82米）高，有近十吨的重量。石头实际上非常巨大，尽管从外观看来有些不显山露水。整体看来，这个池泉中的石头都很巨大，但因为池泉也很大，所以很难感受到石头的大小。

D－D　鶴島亀島立面図　縮尺1：125

三块石头的右手前方稍远的地方有一块石组，构造相当独特。虽然不明白它想表达什么意思，但因为是磐石，所以显得十分刚劲有力。由于苇原岛象征着日本国，它东部的石头又是细川氏立起来的，所以大致也能推断地出中央的石组意味着什么。

三块石头的右手前方竖立着九山八海石，再右边是鹤岛、龟岛，远处可以看到半岛。九山八海石是通过日明贸易搬运过来的庭湖石。

东边值得关注的是，从苇原岛东部远望以钓殿为中心的风景。

从第二层的潮音洞往外看，可以看到苇原岛南侧的水面，池泉广阔。这里是绝佳看池泉全景的地方。岛上的植物现在基本上都是清一色的松树了，但以前岛上也有红叶。如果是这样，湖景也许会增添一些彩色的倒影吧。

从第三层究竟顶上不仅能看到池泉全景，还能远眺衣笠山那边的风景。从室内望出去能看到南岸那片郁郁葱葱的树林。

西园寺时代的池泉

这片树林里残留着西园寺时代池泉的踪迹。现在的南岸附近有一个大的湖心岛，以前的池泉踪迹大概是在这个岛的南侧，是一个有着霞伏护岸的如大和绘一般

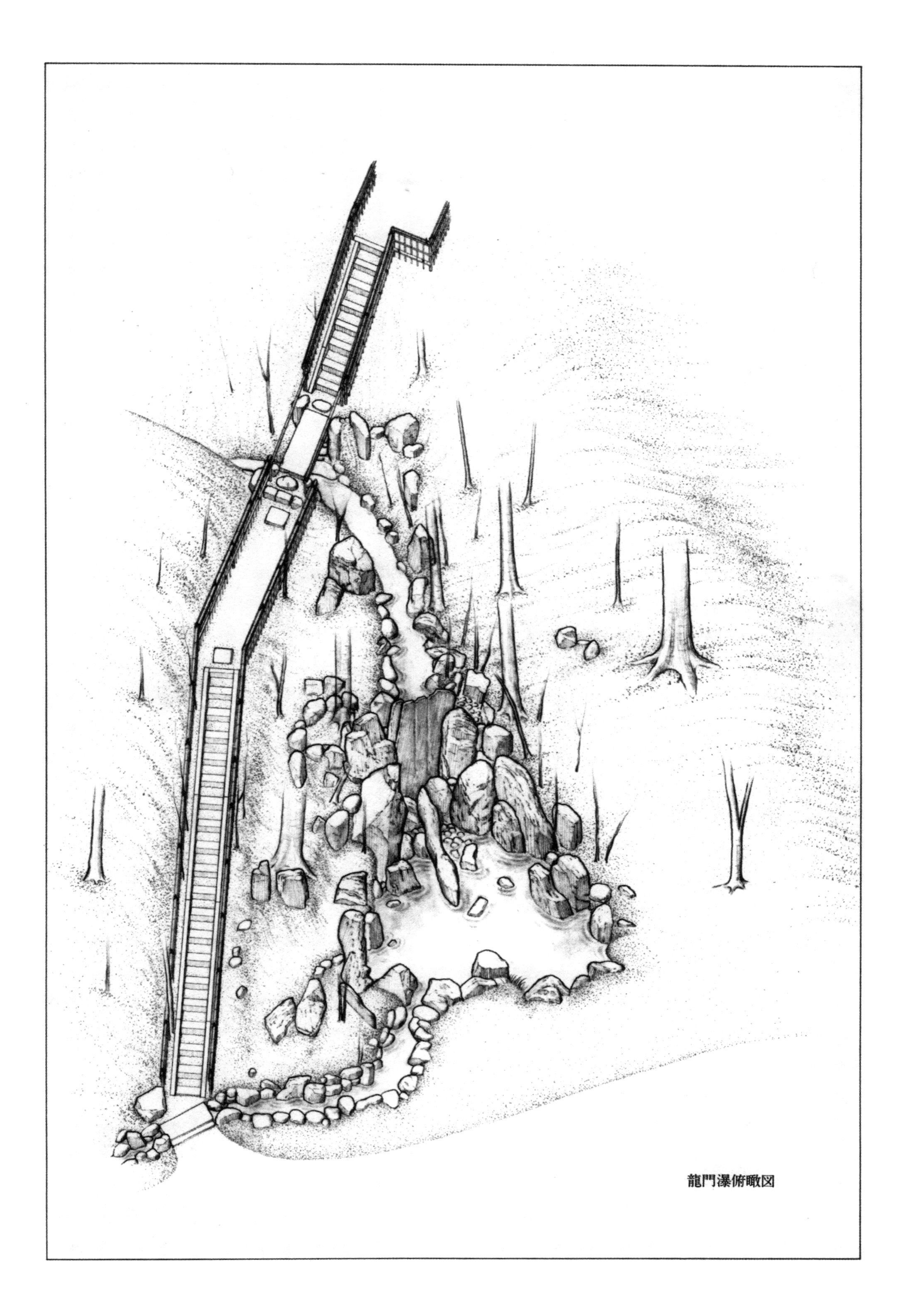
龍門瀑俯瞰図

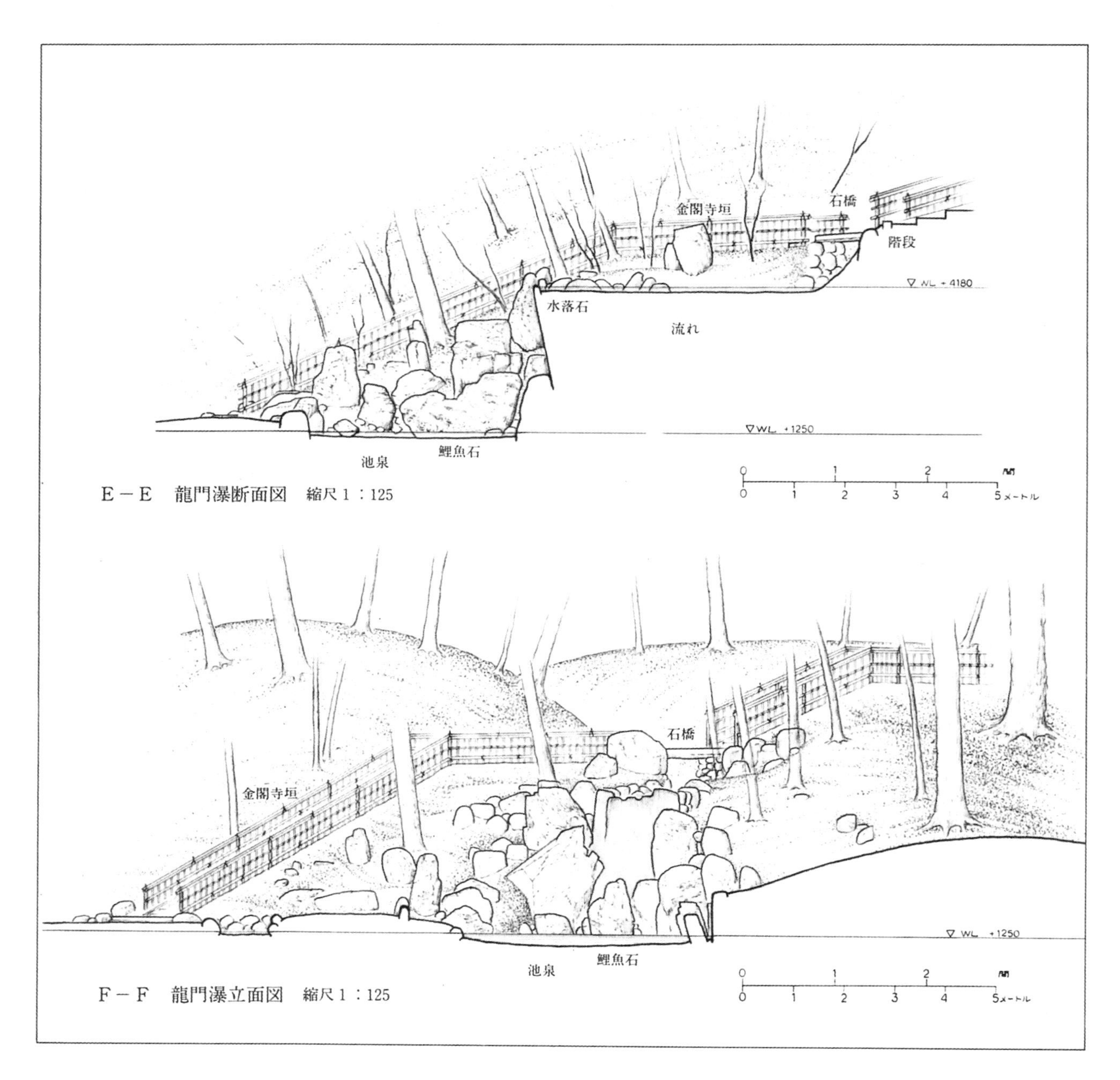

E－E　龍門瀑断面図　縮尺1：125

F－F　龍門瀑立面図　縮尺1：125

的湖。池泉非常大，约是现在的1.5倍。

这个时代的石组，与毛越寺池泉庭一样，都是设计在非常重要的位置。以前的池泉里当然也有石组，但现在基本上都找不到了。

西园寺时代，天皇一年四季可能都会外巡，也有冬天出访的情况。后伏见天皇、花园上皇尤其喜爱雪景。在池边游览之后，还会上二层眺望池泉庭的湖水。

想象着西园寺时代有着池泉遗址的池泉庭雪景，大概比现在要美得多吧。

龙门瀑布与金阁寺垣

离开金阁，从北向东围着青苔之林走，可以先后看到银河泉、岩下水、龙门瀑布。可能以前瀑布旁边有天镜阁和泉殿等建筑物。青苔之林的一部分以前也曾是池泉，仿佛在空中漫步的空中走廊，拱北桥曾经就在这附近。

这条名为龙门的瀑布有两三米高，象征着鲤鱼跃过这条龙门瀑布后化作龙的故事。正好瀑布口有一块倾斜的富有动感石头，象征着那条想要越过瀑布的鲤鱼。这是由兰溪道隆从中国带来的新的瀑布的样式。天龙寺庭园中也有龙门瀑布，那里同样有如鲤鱼越过瀑布瞬间的石景。

西园寺时代，从上面的安民沢到下面的龙门瀑布附近，曾有一条四十五尺的瀑布。现在看到的龙门瀑布是义满时代的产

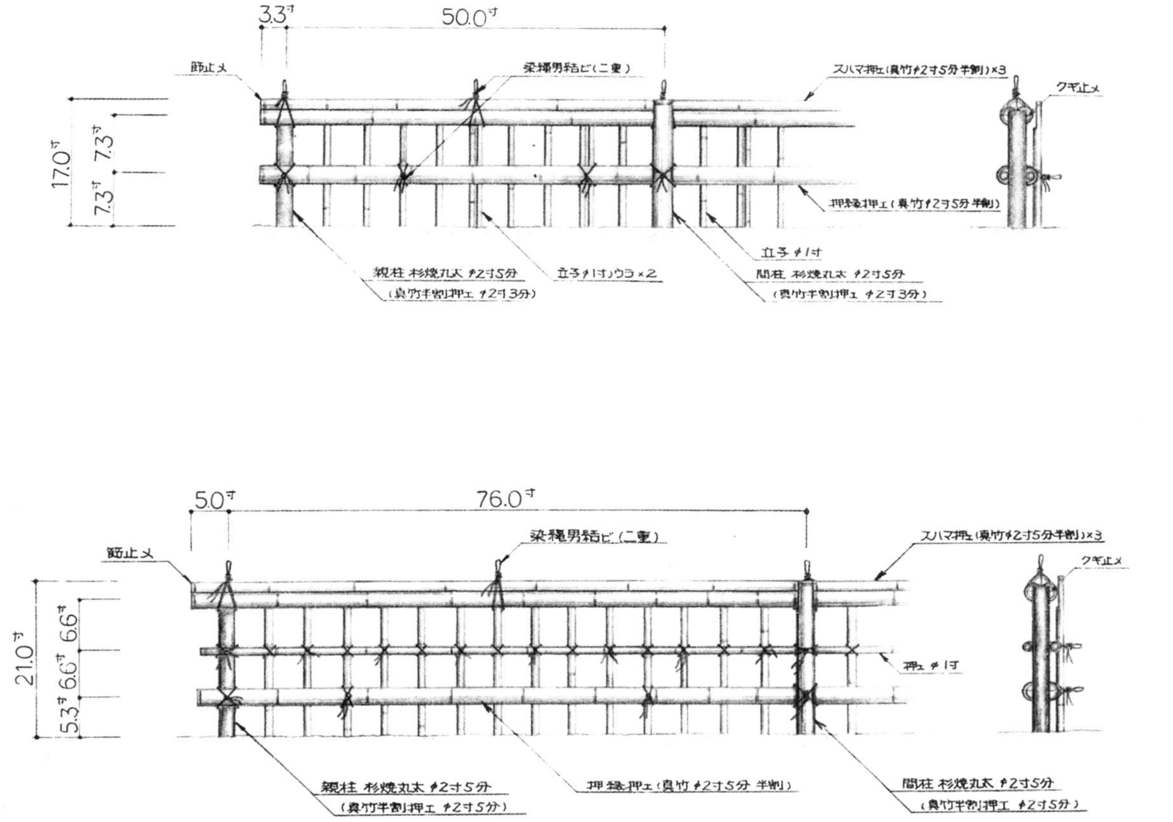

金閣寺垣詳細図　縮尺1：30

物，看着水花在鲤鱼石上飞溅的样子，心情很是畅快。

瀑布左侧山边有石阶，两侧是低矮的竹墙，被称为是金阁寺垣，雅致风趣，是矮竹墙的代表。

夕佳亭

走过安民沢，沿着山路往上爬，就会看到山上的夕佳亭。江户时代凤林承章重建了倒塌的金阁，修复了池泉庭。

修建了修学院离宫的后水尾上皇当时可能想看看金阁寺修复后的样子，为了迎接上皇的出游，于是承章命金森宗和修建了夕佳亭。当时宗和与上皇和承章关系很亲密所以答应了他们的请求。夕佳亭有着别具一格的南天竹做的装饰柱和荻草做的顶棚，是有名的三帖茶室。

茶室前放置着义政生前喜爱的富士山形的洗手钵，边缘上围着金阁寺垣。大块的前石上放置着钵石，构造很简洁，与夕佳亭的田园风格十分相衬，放置在其中很协调自然。

后水尾上皇在参观金阁之后，又去观赏了瀑布，最后来到了夕佳亭。当时的观览路线大致与现在的一样。

慈照寺银阁

义政的风雅空间

银阁寺的围墙，构筑了一个崭新的空间。穿过正门，转一个弯，便是白色沙石铺就的参拜道路了。

走到白沙参道的尽头向左转，穿过中门，映入眼帘的便是仿唐式大门和火焰型花窗。

因为自己继承人的问题而引发了应仁·文明之乱。室町幕府第八代将军义政最终厌倦了政治，选择了隐退。并在文明十四年（一四八二年）参照西芳寺园林，在东山山麓池塘至山腰一带修建了数十座亭台楼阁，华丽的山庄——东山殿的建造由此拉开了序幕。

白沙的造型

义政时期修建的建筑物留存至今的只有银阁（观音殿）和东求堂。令游客为之一惊的巨大白沙造型稳居园林一角。巧夺天工的白沙堆积造型——向月台和银沙滩，这一切都是谁人为何而作？万籁俱寂的夜晚，在月光的照射下，白沙的造型显得更为神秘幽静。

从火焰形花窗（禅宗寺院的一大建筑特征）向外望去的银沙滩。

从方丈（本堂）看到的银沙滩和向月台。右侧是银阁（观音殿）。

堆积成富士山形状的白沙沙堆——向月台。据说现在看到的样子是在江户时代设计建造的。

银沙滩。模仿中国的西湖而建，用沙子的高低纹路代表湖面的波纹，这是沙石艺术的一大特点。

◀ 从银沙滩的东部远望银阁和向月台。

银阁观音殿

延德二年（一四九〇年）正月初七，义政在东山殿山庄中离世。耗时八年修建的东山殿，最终以观音殿的竣工宣告结束，而义政并未能等到这一天。沿袭祖父义满的北山殿金阁舍利殿和西芳寺琉璃殿建造而成的东山殿，是现存唯一一座室町时代的楼阁庭园建筑。

◀雪中的银阁（观音殿）和锦镜池。

银阁一层东南侧的宽走廊和室内部分。东面还建有窄走廊。

观音殿，顾名思义，二层潮音阁的须弥坛（佛坛）上供奉有洞中观音坐像。

银阁二层内部的样子，木地板、格子状天花板、火焰形花窗，从中可以看出禅宗佛殿的风韵。

银阁一层的心空殿。从南侧的宽走廊远眺锦镜池。银阁一层为简单朴素的住宅式构造。

从银阁二层俯瞰整座园林。从右向左依次为：锦镜池、向月台、银沙滩。银沙滩的对面是本堂（左）和东求堂。

银阁的夜景，一派寂静幽深的景象。

山麓的瀑布。瀑布落入洗月泉中，水流顺势流入地势更低的锦镜池，而锦镜池则从园林的东北方向一直延伸到西南方向。

池泉回游

银阁寺园林为池泉回游式园林。池塘在中间的位置变窄，两边的两个小池塘中都有小岛，西南的观音殿和东北的东求堂遥相呼应。池中有七座石桥，以四座浮石为首，诸多名石分布于池中。

银阁前的锦镜池全景，从左手边的里侧一直延伸到东求堂前。以池中岛——仙人洲为首，用于修建护岸、浮石的皆为名石。

银阁前的锦镜池。名为分界桥的石桥和北斗石（左）、浮石（右）。右手侧最里面是做成出岛样子的护岸石组。

位于锦镜池南端的濯锦桥。

中岛仙人洲中的迎仙桥和远处的银阁。

银阁正面的池塘中冒出水面的浮石。

从东求堂正面看到的锦镜池中的中岛、白鹤岛。据说这一石组和西芳寺的极为相似，给人以稳健坚实的感觉。

白鹤岛西北部的石组。右边的石桥为仙袖桥。

东求堂前的锦镜池全景。白鹤岛的右侧（西侧）为仙袖桥，左侧（东侧）为仙桂桥。池中的浮石名为坐禅石。

用两块青石拼接而成，下面摆有石块作为桥脚，这是造型独特的仙袖桥。

和乌丸殿、室町殿等相同，义政在东山殿佛堂的修建过程中也表现出了极大的热情，与西芳寺西来堂相对应，将东山殿的佛堂起名为东求堂。古书曾对西芳寺园林的风貌如此叙述『绝顶之处建亭，山畔处筑庵』，行走于银阁寺园林的路上不断找寻着这种风貌。

东求堂和苑路

四张半榻榻米大小的书房同仁斋，从初期室内装饰的遗留痕迹便能感受到义政的精神世界。

位于东求堂内东北角的四张半榻榻米大小的书房——同仁斋。室内原本陈设有一整套的书桌、书架，装饰架上还摆放有唐风的装饰物，保存价值极高。

从锦镜池的东南部，越过白鹤岛望见的东求堂正面。

东求堂的西侧和本堂之间的空地上修建的手水钵（洗手池），是典型的银阁寺型，样子十分别致。

169 锦镜池东南角的瀑布、洗月泉。从山上流下的泉水经过洗月泉，一直流到地势较低的东求堂、银阁一带。

从山下沿着东边的山坡往上爬，会看到由泉水涌出而形成的水池，名为茶井。

 从园中小路仰视上面的园林，可以看到潄薢亭附近有一片珍贵的石组。

东求堂前的锦镜池。过了仙袖桥，再穿过白鹤岛、仙桂桥，便来到了园林中的小山上，一路走来便知道古人游览的路线了。

西边天空中黎明时的残月和银阁。

银阁寺园林的魅力

荒木 元悦
慈照寺执事长

近年来，『哲学道』作为徒步旅行的一条路线，在年轻人当中非常有名。沿着『哲学道』稍向东走便会看到白川上的银阁寺桥，银阁寺桥前有一条缓坡，坡上建有参拜道路，直通银阁寺。参拜道路两侧是各种旅游纪念品店，大概有三十家，鳞次栉比，非常热闹。在这里总能看到一群群游学的学生挤在店前，向里张望。这般热闹景象是银阁寺门前的常态。一边游览银阁寺前的特产店，一边延缓坡前进，抬头一看，不知不觉间已来到了银阁寺的山门前。

拾阶而上，进入山门，游人停下脚步，抬头仰望天空。事实上，游人的视线已被道路两侧高耸的乔木遮蔽，而无法看到天空。白色沙石铺成的道路和高约五十米的巨大树木构成的围墙形成鲜明对比，使得游人能够抛却尘间杂念，看到现实世界清净的一面，这便是禅寺的模样。

寺院里没有巨大的建筑物或是其它金碧辉煌的东西，园中植物也只是人工简单修剪。本堂前的银沙滩、简朴的向月台、青苔覆盖的石头、松树等园中的树木，一切都极尽自然之美，给人一种安心沉稳的感觉。虽然整个园林不大，但不论身处何处，只要抛却杂念，努力与园林融为一体，都会觉得神清气爽，仿佛被涤尽了灵魂深处的尘埃。不论心中有何烦恼，有何心结，只要看到这些清爽明净的风景，一切烦恼困惑都会变得微不足道。银阁寺园林给人的感觉就是这样清爽、宁静。相对来说，园林中花比较少，但也种有牡丹、杜鹃、山茶花、槭、茶梅等，一年四季，繁花相继盛开，一派妖娆美丽的景象。

清晨和傍晚时分，整个银阁寺园林处于静谧之中，人迹稀少，阳光熹微，光和影的结合使得此时的银阁寺园林最具魅力、最令人浮想联翩。尤其是早上的园林更有令人心驰神往的魅力。树木间的阴影；被露水打湿的青苔、松树、石头冰冷湿润，在阳光的照耀下，周边镶嵌了一圈金色的光晕；园中的池水呈现出翡翠的碧绿色，使整个园林显得宁静悠远。依稀可以听到远处瀑布飞流直下的声音，池塘中的鲤鱼也仿佛怕打破了这份宁静似的，静静地游着，不激起一丝水波，我也和水中的鱼儿一样，脚步轻轻，漫步园中，整个人在这样的环境当中自然变得柔和了许多。我想在室町时代，银阁寺园林的建造者义政一定也是如此心境吧。

下面是义政所咏的一首诗：

『月待山麓是我庵，但恋空影斜。』

中秋之夜，我一人在月光之中凝视着庭院的风景，反复吟唱着义政的这首诗，忽然间觉得自己已与银阁寺园林融为了一体。

小雨に煙る月待山

银阁·风雅的基调

泽田富士子

关于园林的序言

从我的书斋向外望去，如意岳（大文字山）清晰可见。一年四季，我总是不时地眺望远处的东山群山，但视线会不自觉地移向蜿蜒至西北角的月待山山麓，在那里生长着一片茂密的竹林。

由足利义政建造的闻名天下的慈照银阁寺便隐藏在这片竹林之中。

秋冬之际，东山上的树木开始落叶凋零，此时，散落在山脚下的法然院等大小寺院才渐渐地从春夏茂密的树林中显露出来。但唯有隐藏在竹林中的慈照寺，即便此时也绝不展现其尊荣。慈照寺如此的隐居姿态和同样出自足利义政之手的如意岳大文字形成了鲜明对比。如意岳上的『大』字朝着西北的天空展开，冬天时，白雪装点着『大』字；夏季，『大』字上燃烧着火焰，绿色的植被围绕在周边。每当看到如意岳上的『大』字，我便会不自觉地将其联想为一个伸展着四肢躺在那里的人，仿佛在静静等待着上苍的安排。隐藏与显露的建筑，与足利义政其它的景观对比之时，我会自然而然地心驰神往于竹林中的慈照寺，脑海中浮现着那所园林的幽静氛围和广阔的庭院。

园林也会蕴藏人的灵魂和智慧。

这是因为，园林中所使用的树木、石头、沙子，亦或是青苔、流水等，每一处都经过了建造者的精心设计，不论何种情况，一切艺术作品中皆包含了人类的智慧和心血。

虽然有深浅之分，但所有人类的思考设计当中都蕴含了逻辑和理性思考，因此可以说，从园林中的树木、石头等的样态中也可依稀读解出其中所蕴含的人类智慧

『都林泉名勝図会』中の「銀閣寺」

和思考。

简而言之，园林分为两种。一种园林可以打动观赏者的心灵，而另一种则不会引起任何共鸣。

后者只是按照图纸进行简单地模仿建造，充其量只是树木和石头等的堆砌，而且随着规模的扩大，越发显现其丑陋。不论什么作品，如果其中没有精神、灵魂的存在，便不能捕获人心。

人们总觉得很难判断一所园林的好坏，但事实上再也没有比这个更简单的道理了。因为眼前所呈现的园林空间会让人感知到园林建造者的灵魂和智慧。

原本，修建于古代的许多园林大多失去了往昔的模样。越是历史悠久、闻名天下的园林，人们越是想要使其流传千载，因此经过历朝历代的修整，渐渐难以辨别其最初的样子。慈照银阁寺园林也没能逃脱这一命运。

宽政十一年（一七九九年）夏天出版的《都林泉名胜图会》中秋里篱岛曾写道：『银阁园林曾在《庭造传》《都名所》等书中出现，但年月累积，园中树木大多枯朽，因此新栽种者极多。现在看到的园林是后世寺僧依照自己的喜好修整而成的。』

变化的不仅仅是树木，因慈照寺修筑于东山的如意岳和西北边的月待山山麓一带，所以山体的变化，加之附近南流的白川河水的侵蚀等原因，在岁月的长河中，慈照寺几经变化。

树木生长，衰老，进而姿态也发生了变化。

石头在风吹雨打下，有的被整个翻了起来，有的半歪在土里，有的整个横躺在地上，已不见了往昔的容颜。银阁寺园林就这样顺应着自然的变化，每一刻所展现的容貌都不可还原。

银阁寺园林每一刻的容貌都是园林的真实一面。十年前的园林和十年后的园林虽然都是同一座园林，但又不完全相同。银阁寺园林看似安静平和地存世至今，但也蕴含着世事无常的哲理，园林如同我们人类一般一路艰辛，却又斗志昂扬地活着，仿佛从另一个侧面展现人世间的喜怒哀乐。

慈照寺园林不仅体现了建造者足利义政本人的精神，而且，园林的游览者应该也能在留存甚少的原貌中依稀感受到义政的精神世界吧。

足利義政木像

人类的心灵、精神世界创造出了多种多样的文化。就慈照寺的建造者足利义政本人来说，历史上对于其评价，可谓毁誉参半。但义政却参与创造了茶道、花道、日式书房装饰等文化，这些文化遗产至今都堪称日本文化的精髓，因此，可以说足利义政奠定了日本人的精神基调。

生活在现代社会的人们虽然可以接触到义政精神世界的文化产物，但却很难触及其心灵世界的深处。但如果有心了解，那么通过义政精神世界的文化遗产——园林，便可以走进义政那不能轻易触及的精神世界。

请凝视这座倾注了义政所有心血的园林。只要一直凝视即可。通过凝视可以加深我们的思考，从而可以渐渐走进义政的心灵。游人的喧哗声、风声、水声，一切都离我们远去，园中的石头、树木也都从眼前消失了。没过多久，我们便看不见了园中的一切陈设。如此一来，我们便能试着在心中自己摆石、栽树了。

『这块石头这样摆放呢，还是换一种摆放方式。那棵树栽种在哪里比较好呢？』

一旦头脑中萌生了这样的思考，我们才能开始感知义政的心灵和精神世界，也才能渐渐触及他所构筑的精神王国。

平安时代以前的日本园林仅仅是将自然景观进行简单组合。但到了镰仓・室町时代，渐渐出现了通过花鸟风月表现人类内心世界的风潮。建造园林的人开始通过园林设计表现禅宗的自然观、峻烈的精神等。作为艺术品的园林在这一背景下应运而生。

园林难道不是古人风流韵事的产物吗？

对于足利义政而言，更是如此。

『平生碌碌，今夜赏月，一年又到尽头。』

『世事艰难，多少辛酸，世间如此大，无处安我身。』

当我读到义政的这两首诗时，我想他绝不是一个荒淫无度之人。在这座伟大的园林中蕴藏着义政的生死观和丰富的精神世界。从这两首诗中我可以感受到义政对于人生无常的慨叹，也有对于官场尔虞我诈的绝望。

纵观日本历史，比义政淫乱败坏的人有很多，但义政却并没有极情纵欲。义政在这一时期看似放荡颓废的行为中培育着其敏锐的美学意识，日本的传统美学文化也从这里诞生。

総門

通过义政之手创立的日本风流文化，至今都代表着日本人的内心世界。

虚无的庄严

八代将军足利义政十四岁时行成人礼，于宝德元年（一四四九年）四月十六岁时登上征夷大将军的宝座。但义政成为足利将军家的继承人则是在这之前的六年前——嘉吉三年（一四四三年）七月二十三日。这一切都是因为，在义政继承家业之前的七月二十一日，义政之兄——七代将军义胜病逝，年仅十岁。义胜在八岁时继承将军之位。《建内记》中曾对其这样记载到『身体虚弱，蒲柳之资，常为病魔所困』。

兄弟二人的父亲为足利六代将军义教，他继承了五代将军义持之位，大僧正天台主持为其还俗，之后登上了将军宝座。义教天性刚毅，为人强悍，一心想要恢复将军势力，因此推行了许多强权政策。义教首先摧毁了源赖朝以来维持了二百多年的镰仓政权，将一直以来分裂为东西两部分的政治、军事政权力量统一归京都管理；此外，他还肃清了盘踞地方的守护大名和管领的力量；并且整顿宫中纲纪，镇压了自己曾经所属的比惠山的横征暴敛。总而言之，义教在位期间极为严厉地推行了其政治理想。

义教的强权政治也为其树敌颇多，嘉吉元年（一四四一年）六月二十四日，在被邀请至赤松满祐的一条邸观看能剧表演时，义教被满祐所刺杀。

义教的突然死亡，加上年幼将军义胜的夭折，民间便流传这一切都是义教所杀死的诸多政敌死后变为怨灵所为。因此，这也给八岁继承家业的三春（义政）的前途蒙上了一层恐怖的阴影。

辅佐义政的是管领畠山持国等人，在义政十岁时又变为细川胜元。但胜元当时也仅有十六岁，与建造鹿苑寺金阁的足利三代将军义满的辅佐者相比，显而易见资历更浅。当时辅佐义满的有义堂周信、绝海中津、春屋妙葩等非常优秀的僧人，也还有能力很强的近臣帮助其主政，保证了幕府政令的实施执行。

不仅如此，义政所处的年代与义满相比，社会环境更加险恶。

反抗庄园领主压迫的农民起义，要求免除关卡税赋的驮夫起义等接连发生，这些起义甚至波及到了京都市内，社会上人心慌慌，十分混乱。嘉吉元年九月，义政六岁

鹿苑寺金阁

时发生了有名的『山城国起义』。起义军袭击粮仓、富人，要求德政，数万起义军布阵于京都洛中十六个地方，声势浩大。

起义军此起彼伏的呐喊声响彻京都，甚至传到了修筑于室町今出川上的『花之御所』。天性敏感脆弱的义政在听到震耳欲聋的起义军呐喊声后想必一定脸色苍白，抽搐不止吧。

在义政继承家业两个月后，也就是九月十三日，南朝遗臣二百余人武装反叛，偷袭了土御门御所，放火之后闯入了常御殿，不仅刺伤了后花园天皇，而且还从内侍所夺走了三种神器。

所幸，神镜最后被追讨了回来，叛军遗弃在清水寺附近的神剑也被找到，只有神玺（勾玉）下落不明。

袭击御所的南朝遗臣企图向惠山的僧侣寻求支援，但僧侣拒绝了他们的无理要求，最后叛军于九月二十五日被畠山持国率领的幕府军和僧兵所剿灭。

在这次事件中，尽管叛军已攻入御所，但镇守在洛中的守护大名和幕府军队却并没有前来救援。社会治安极其混乱，京都市内农民起义接连不断，群盗横行，盗贼甚至进入了御所、将军府等地。足利幕府的势力日渐衰微，幕府重臣自私自利，都忙于中饱私囊和自我权利扩张。治安状况的恶化和起义反叛迅速向全国蔓延，地方上缴纳给天皇家、将军家、公家的年贡也越来越少。

前文中所引用的诗句便是义政在其十六岁时当上征夷大将军之后所创作的。从诗句当中我们丝毫感受不到青年将军气宇轩昂，力图驱恶扬善，涤荡人间浊气的气概。一直以来义政都被作为足利幕府的接班人培养，但生不逢时，正如义政在诗中所感叹的一样，命运多舛，只能顿足哀叹乱世艰辛。此时的幕府早已日薄西山，征夷大将军的封号也只是徒有虚名，义政作为当时幕府的统治者比任何人都清楚这一点。

义政晚年时将所有的精力都倾注于『东山山庄』的建造，我想他的这种对于美的执着追求，恰好反映了义政的天性资质并不适合做武士家的栋梁。但事与愿违，义政的悲剧也就在于，不论其天性如何，他都必须成为足利家的将军。在这之后，义政又由于自己继承人的问题引发了应仁大乱，为此遭到世人责难，但政权的运转、人们追逐权利时的贪欲、时代的激荡变幻，这一切都不能只通过裁断政权的支配者一人就能

「東求堂」扁額

简单定论。人们曾评价，义政为政期间百姓受苦受难，义政本人却不理政事，只沉溺于美之世界。但我却认为，在这种情况下所诞生的美至今都屹立于日本文化中，成为日本人精神世界的支柱，可见其不朽之魅力。

与义政处于同时代末期的美浓守护土岐赖芸，作为武士虽然引起了美浓之乱，在这一点上他是失职的，但土岐却极具绘画才能，创作了许多优秀的『鹰画』，在日本中世绘画史上留下了可圈可点的一笔。

在长达几个世纪的武家统治时期，像义政、土岐这样沉溺于美之世界的人并不罕见。也多亏之后江户幕府的幕府体制确立以及律令保障下政令的严格执行，才挽救了武家统治，弥补了武士之家这些美学信徒所犯下的过错。

足利义政在和瑞溪周凰、云章一庆等五山僧的交往之中，不断提高自身的美学修养，他在保全性命于乱世的同时，内心『虚无的正义』也渐渐觉醒、成长。

此生不念功成名就

足利义政的生母为赠左大臣日野重光的女儿重子。幼年时期，义政生母重子的堂兄乌丸资任继承了家业，义政的养父为伊势贞亲，养母为幕府奉行大馆持房的伯父满冬的女儿今参局。

作为临济禅宗的高僧曾经主持管理过等持院、相国寺、同寺鹿苑院（金阁寺）、慈照院（银阁寺）的景徐周麟是大馆持房的儿子，也就是说，周麟和义政的养母是亲戚关系。历史上一直流传，今参局是持房的女儿，这其实是错误的。

日野重子在丈夫义教被杀害之后，尽心尽力地养育两个儿子义胜和义政，与此同时，重子作为两个儿子的生母，对朝政也多有干预。而今参局也自恃是义政的养母，插手义政的政事。

为此，两个女人之间的关系非常紧张。

康正元年（一四五五年）正月，在洛中民间曾流传这样的说法『朝廷有三大妖魔，御今、有马、乌丸』。

三魔指的是名字中都带有『ma』这个音，日语中表示妖魔的意思。御今指今参局，有马指摄津国有马郡的守护有马持国，乌丸指乌丸资任。这三个人操纵着年仅二十岁的义政，败坏朝政，民间的这一传言也是在讽刺这种现象。

但在这一年夏天，义政迎娶了日野家的富子作为正室后，常年侍奉将军义政的今参局也就从义政身边隐退了。日野家和足利将军家一直以来都关系紧密，日野家的其他女儿还嫁给了义满、义持、义教等人。

日野富子在嫁给义政后的第四年，长禄三年（一四五九年）正月诞下一名男婴，但很快就夭折了。

关于义政嫡子的夭折，民间流传着这样的解释。从朝廷权利中心隐退的今参局为了报复义政，指使惠山的修行者实施法术，导致了男婴的死亡。义政听信生母重子和妻子富子之言，在正月十三抓捕了今参局，并命令大馆持房将其幽禁。持房想要查明事情原委，但遭到了处于愤怒之中的义政的拒绝。

义政命令侍所别当佐佐木正观（京极持清）将今参局流放至近江国琵琶湖中的小岛上。很多史书中曾记载，今参局在琵琶湖中的小岛上自杀。但事实上，今参局是在佐佐木正观护送的过程中，绕道湖东前往流放地的途中，正月十九日在犬上郡甲良庄的寺院自杀的。甲良庄有一座寺庙名为庆雪山胜乐寺，和守护佐佐木的关系极为密切，因此我认为后者的可能性更大。

在今参局自杀后的同年十一月，义政两年前开始动工，耗费众多人力，在自己的府邸『万里小路殿』修建的园林终于竣工。

在修建『万里小路殿』园林的同时，义政从长禄二年（一四五八年）二月的最后一天开始，频繁前往西芳寺（苔寺）参拜，多次观赏游览了由梦窗国师所修建的『西芳寺洪隐枯山水』。

可以把义政这一时期的行为看作是年仅二十三岁的将军玩物丧志，沉溺于园林建造的表现，但从另一个角度看，也不得不称赞其极高的美学天分，敏锐的感受性，这也可以看作是他走向虚无的第一步。良宽禅师的杂诗中曾有这样一句『此生不念功成名就』。切身感受到幕府政权内忧外患状况的义政恐怕就是诗中所描述的这种心情吧。

在建造万里小路殿园林的过程中，义政不仅命人从遥远的奈良搬来很多石头，还从嵯峨野中运来巨型石头，园林当中尽是些珍奇之宝。

西芳寺　洪隠山枯山水石組

石头、陶瓷器之类的东西有一种捕获人心、使人无法割舍的魅力。但这种魅力并不能让所有人都为之着迷，对于那些有着特殊的感受性、对于人世间的无常虚无具有很深体会的人来说，石头、陶瓷器这样的东西足以使他们玩物丧志。在日本的历史中，为了一个古旧的茶碗、茶釜不惜献出生命之人并不罕见。对于他们来说，这种追求近似于一种信仰，就如同一遍上人一生周游四方，寻求佛法；空也上人将证鼓挂在胸前口中不断念诵『南无阿弥陀佛』一样。

万里小路殿园林竣工后的宽正三年（一四六二年）二月，义政又为其生母胜智院重子在高仓御所开始修建园林。

西芳寺严格遵守建造者梦窗国师的遗嘱，不允许女人进入。重子听说西芳寺园林的秀美，曾多次想前去一睹其容貌，但最终未能实现。义政为了完成生母的心愿，便命令河原者善阿弥仿照西芳寺园林的样子再修建一座园林。据说，在修建这座园林的时候，曾向相国寺、建仁寺等京都五山寺院强征了很多树木。

义政在摆弄石头、树木，设计园林的过程中也渐渐加深了其对于政治的厌恶。建造园林这一行为也可以看作是他否定周围的一切权利、物质，逐渐走向自我解放的过程。农民起义频发，幕府对此毫无挽救措施。作为武家将军的失败者，义政最终彻底对政治产生了绝望之情，他决心从政坛隐退。但此时的他并没有子嗣。因此，在宽政五年（一四六四年）十一月，义政令其弟义寻还俗，因为义寻曾长期居住在净土寺，也被称作净土王，还俗之后改名为义视，义政将其立为自己将军之位的继承人。

第二年，宽正六年八月，义政为了建造自己的最后栖身之处，命令伊势贞亲和千阿弥等人开始在东山选址。义政决定将心中描绘的园林不惜余力地建造完美。

但在这一年的十一月二十二日，日野富子却为义政诞下了义熙（义尚）。富子为了能让自己的儿子当上将军，联合山名持丰，与拥护义视的细川胜元展开了一场争夺将军之位的战争。这就是长达十一年之久的应仁·文明大乱的开始。

义政虽然想要远离政治，但战火依旧波及到了山庄的建造，工程被迫停止。洛中在经历了这场旷日持久的战争后已沦为了一片焦土，义政最终于文明五年（一四七三年）让位于义尚。但在义政急于隐退的苦闷心中，一定在暗暗地设计着园林的布局，日夜想着那些奇峰异石，一会儿想将它们摆放在这里，一会儿又觉得移到别处要好一些。

銀閣寺垣

白砂の参道と銀閣寺垣

心中园林的规划在不断继续，而在这一过程中，义政迈向虚无庄严的梦想也实现了吧。作为这一梦想最好的鉴证便是今天我们所看到的东山山庄——慈照寺银阁的容姿。

东山的艺术

人们一直将室町时代定义为黑暗的时代。

除足利义满统治的时期相对稳定之外，其它很多时期都是战乱不断，尤其经过应仁・文明之乱后，日本进入了群雄割据的战国时代。

但我们不能狭隘地将室町时代仅仅看作是一个黑暗的时代。因为在这个时代基本形成了日本文化的一些固有精神特质，而且传承至今。

举一个不太恰当的例子，据说，比起养殖的鱼苗，自然孵化的鱼苗大脑更重，细胞中所含的核糖核酸也更多。也就是说，在舒适的环境中生长的鱼苗即使被放入到自然河流里，其存活的概率也很低。但如果在养鱼池中放入凶猛的鱼后，这些鱼苗面对天敌，紧张感会自然增强，动作也变得更为敏捷。脑细胞中的核糖核酸也会随之增加，生存能力也会变得更强。个人、民族，亦或时代，都具有这样的倾向，当我们身处危险状况时，会发挥出意想不到的超常能力。室町时代对于日本人来说，就如同面临天敌的鱼苗，每个人都增强了紧张感，整个时代也作为承前启后的时代，创造出了许多璀璨文明，这样看来，室町时代也不能说是完全一无是处、极其黑暗的年代了吧。

室町时代，统治者偏爱能够充分表现自我主张的艺术形式。曾被称为『街头乞丐技艺』的世阿弥的猿乐因为得到了统治者足利义满的庇护，成为了武家重大仪式时的配乐。此外，丰织时期的武将对于茶道的热情也可看作是一种自我表现的方式，类似的例子不胜枚举。足利义政也和他们一样，将半生心血全都浇注在了慈照寺银阁的修建中，倾尽所有也要修建好这座园林，以此来满足自我表现的欲望。

义政于文明十四年（一四八二年）二月四日，命令朝仓氏景、山名政丰、赤松政则、土岐成赖等人从各国征收段钱税　，用于建造谋划已久的东山山庄。义政将山庄地点选在了东山如意岳的山脚下。这一地点也是义政的弟弟义尚还俗之前所在延历寺的分寺净土寺的一部分，而净土寺在战乱之中已被毁。

銀閣初層内部の千体仏

在建造东山山庄的过程中，义政……已烂熟于心的西芳寺洪隐枯山水作为参考。银阁（观音殿）的建造则参照了祖父义满所修建的舍利殿（金阁）。很多人参与了东山山庄的修建，其中贡献最大的要数山水河原者——善阿弥。

山水河原者是指日本中世，专门从事修建的人，他们地位低下，靠打零工维持生计。有关他们工作的具体内容史书中有这样的记载，他们参与的有规模较小的工程，如『此填海所造之地崩坏，请河原者整修，九百余人等』（《鹿苑日录》天文九年六月二十日条）；『召集四条河原工人丸等十余人，修建鸟居』（《祇园三鸟居建立记》贞治四年六月十六日条）。也可在《阴凉轩日录》永享七年（一四三五年）十一月七日一条中见到这样的记载『自伊势备中守殿宅，移植松树四株，命河原者十六人栽种』。

室町时代的人们非常热衷于建造园林，在从事修建的人当中涌现出了许多技艺高超之人，成为了专门的园林建筑家。在《阴凉轩日录》《鹿苑日录》《看闻御记》《后法興院记》等古书记载中可以看到善阿弥、小四郎（善阿弥的儿子）、虎菊、彦三郎、又四郎（善阿弥的孙子）、左近四郎等人的名字。

在这之中，善阿弥作为造园高手最为有名。在《鹿苑日录》延德元年（一四六三年）六月五日的记录中曾对善阿弥有这样的描述『为山植树排石天下第一』。《阴凉轩日录》宽正四年（一四六三年）年六月十四日的记录中则称赞其为『丘壑经营之妙手』。

义政也很赏识善阿弥的才华，在其生病时送去中药和人参汤等（《阴凉轩日录》），在听说其康复之后露出了欣喜的微笑。

人不论多么有才华，如果没有遇到赏识之人，或者生不逢时的话，最终都将被埋没。义政对于有一技之长之人，即便对方身份低微，他也会加以重用。这一点可以说是义政用人的开明、平易近人、任人唯贤之处。对于同朋众——能阿弥、艺阿弥父子也是如此。义政委托他们选定『东山宝库』将要收藏的珍宝，选择范围十分宽泛，有通过与中国贸易进口到日本的物品，也有全国的名刹进贡之物，还有足利幕府宝库中所收藏的数量庞大的中国绘画、书法、瓷器等。

鉴定美术品，甚至是绘画作品的良莠，不仅需要一定的知识储备，更需要敏锐的美学感受力。

慈照寺銀閣庭園関連年表

和暦	西暦	慈照寺銀閣庭園関連年表
暦応 二	一三三九	四月、夢窓疎石(夢窓国師)、西芳寺に入寺。浄土宗を禅宗に改め、寺名を西芳寺とする。
応永 四	九七	一月、足利義満、西園寺家から北山別業を譲り受け、山荘(北山殿)の造営開始。四月、金閣上棟。(『在盛卿記』翌五年上棟説)
永享 八	一四三六	一月、義政、六代将軍義教の二男として生まれる。
嘉吉 元	四一	六月、義教、殺害される。四十八歳。(嘉吉の乱)
三	四三	七月、七代将軍義勝没。十歳。弟義政が後継者となる。九月、南朝の遺臣が御所を襲い、神剣、神璽を強奪する。
宝徳 元	四九	四月、義政、元服。
康正 元	五五	八月、義政、正室に日野富子をむかえる。
長禄 元	五七	義政、万里小路殿で作庭を開始する。
二	五八	二月、義政、このころからしきりに西芳寺へでかけ、庭を見る。
三	五九	一月、富子、男子を死産する。同月、義政、養母今参局を幽閉。十九日、今参局、配流地へ向かう途中に自害する。
寛正 三	六二	二月、義政、高倉御所の作庭をはじめる。
五	六四	十一月、義政、弟義尋を還俗、義視と名のらせ将軍後継者とする。
六	六五	八月、義政、山荘造営のため千阿弥らに命じて土地の選定をはじめる。十一月、義政の子義尚生まれる。
応仁 元	六七	一月、応仁の乱おこる。
文明 五	七三	十二月、義政、義尚に将軍職を譲る。
一四	八二	二月、義政、東山山荘の造営に着手。諸国から段銭を徴集する。
一五	八三	六月、常御所完成、義政、移り住む。東山殿と呼ばれる。
一七	八五	四月、西指庵完成。この年、超然亭完成。
一八	八六	東求堂を建立。
長享 元	八七	六月、義政、観音殿(銀閣)造営の参考のため、金閣を見る。十一月、会所、泉殿完成。
延徳 元	八九	二月、観音殿上棟。三月、義尚没。この年、漱蘚亭完成。
二	九〇	一月、義政没。五十五歳。東山殿を禅宗慈照院と改める。三月、第一世宝処周財入寺。
三	九一	三月、慈照院を慈照寺と改める。
永禄 元	一五五八	四月、十三代将軍義輝・細川晴元と三好長慶、慈照寺付近で戦い、慈照寺の大半を焼く。
一二	六九	二月、織田信長、九山八海石を二条城庭園に移す。
元和 元	一六一五	六月、宮城丹波守豊盛、慈照寺の建物と庭を修理する。
寛永 一六	三九	このころ、慈照寺客殿、玄関、庫裡、東求堂などを修理する。
元文 三	一七三八	総門、庫裡、東求堂、門を新造。銀閣を修理する。
寛保 元	四一	東求堂を修理する。
昭和 六	一九三一	お茶の井、漱蘚亭跡が発掘される。
二六	五一	東求堂、観音殿(銀閣)国宝に指定される。
三九	六四	東求堂解体修理。
六三	八八	庫裡、書院の改築はじまる。

义政与善阿弥、小四郎父子一起参与东山山庄的修建，在这一过程中他也会发表自己的看法。偶尔拿出一副绘画作品，或者与能阿弥、艺阿弥一同探讨鉴赏绘画作品、瓷器等。发挥鉴赏才能，赏析并对每一件作品进行评价既是一种对于美的发现，也是一种创造性行为。茶圣千利休在这一过程中，发现了乐长次郎所制陶器的精美，由此对茶道中的各种用具进行了重新定位和评价。

与『会所装饰』相对，随着书院式客厅的出现，书院客厅的装饰规格也在这一时期固定了下来。慈照寺东求堂、同仁斋是书院式客厅最古老的遗迹，用推拉门等隔成小房间，挂在壁龛中的挂画，摆放在下面的插花、香炉等装饰习惯至今仍保留在我们的生活当中。

随着东山山庄的建造，茶道界也在进行着改革。人们从能阿弥所推崇的村田珠光那里汲取了茶禅一味、草庵茶道等精髓，确立了日本文化『风流之美』的基调，并起到了开拓性作用。

东山山庄的修建在进行着。开工之后的一年零四个月，也就是文明十五年（一四八三年）六月二十七日，常御所建成。义政随即搬往常御所。据《阴凉轩日录》记载，以西方净土为蓝本建造的这座禅刹园林，可以说很好地再现了佛教的理想之地，东求堂前的池塘里还栽种有代表佛家的莲花。

查看银阁寺园林的复原图会发现，在观音殿（银阁）和东求堂之间排列建有会所、泉殿、常御所，但始终没有看到现在已成为银阁园林一大标志的银

同仁斎外観

堆积了大量白川沙石，白沙滩就是用这些沙石建造而成的。而在日本园林史中，也认为白沙滩是在近世以后才修建的。

文明十七年，禅室西指庵建成，翌年持佛堂的东求堂落成。长享三年（一四八九年）观音殿开始修建，也就是在这一年的三月二十六日，义政的儿子义尚将军在近江阵亡，年仅二十五岁。

在义尚死后的第一个盂兰盆节，义政听从横川景三的建议，令近臣芳贺扫部头在如意岳山顶的西面用白布做了一个『大』字的造型，然后依照『大』挖了火床，供放火把用。在十六日的盂兰盆节，点上松树火把，以此祭奠义尚的亡灵。

在义尚死后的第二年，延德二年（一四九〇年）正月七日，义政还没来得及看到东山山庄建成便随义尚而去了，享年五十五岁。依照义政的遗言，山庄被作为慈照寺管理，但之后左大臣近卫前久、信尹父子火烧山庄，强行霸占、居住长达二十八年。《都林泉名胜图会》记载『那时，足利家的宝物大多遗失，现在仅存的也只有寺院的宝物，具体有……』

此外，关于银阁的命名有这样的解释，它的建造从一开便是与贴有金箔的金阁相对，因此只是一种美称，从来没有贴有银箔。银阁的称号恐怕是在江户时代开始流传的，《都名所图会》（安永九年刊）、《都林泉名胜图会》的出版对于这一美称的广泛传播起了很大作用。

还要补充记录一点，在万里小路殿园林建造完工后不久，即宽正元年（一四六〇年）二月，义政令奉行人左卫门大夫请求愿阿弥，并赏其铜钱数百枚救助饥民。

在洛中顶法寺（六角堂）的南路上搭建了数十间收容饥民的小屋，给饥民、病人发放粥和其它物资。

云泉大极在《碧山日录》中曾写道『救济饥民，公（义政）平生慈（慈悲心）』，以此来彰显义政的仁慈之心。

（作家）

庭園解説　慈照寺銀閣

斎藤　忠一

慈照寺銀閣庭園配置図　縮尺1：1500

配置図中のアルファベットは、以下の図面の実測位置を示す。

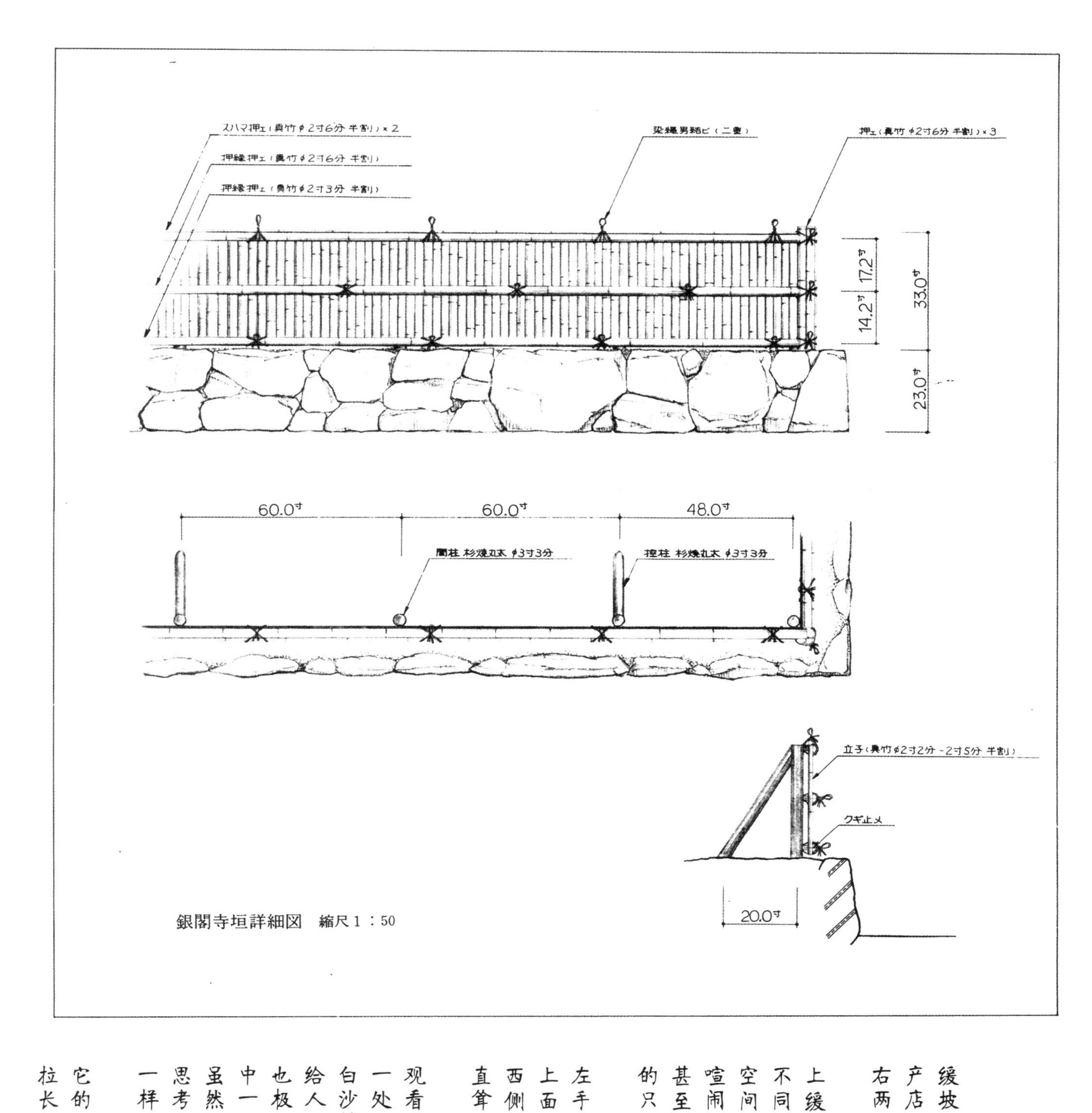

銀閣寺垣詳細図　縮尺1：50

洗心之路

过了疏水桥，便看到一条向东延伸的缓坡。道路两侧是小茶馆和各式各样的特产店。在宝历年间的旧地图中，这道路左右两侧各有八户农家，一派田园风光。

道路的尽头是东山山庄的正门。爬上缓坡，进入正门后，风景与之前截然不同。由石墙和高高的灌木篱笆构成的空间庄严肃穆。身处其中，寺院门前的喧闹声、曾经的田园风光早已抛却脑后，甚至连自然风景都在这里消失了，留下的只有一片静谧。

道路向右转弯九十度，便向南延伸。左手东侧的石墙上有高约三尺的竹篱笆，上面还有像屏风一样的灌木篱笆。右手西侧的石墙上是两段式的灌木篱笆，笔直耸立。

走在由直线和面所组成的空间中如同观看透视图一般，视线的焦点被集中在了一处，仿佛主人在邀请我们进入园林中。白沙铺成的道路呈蒲钵形，中间略为鼓起，给人一种清爽洁净之感。灌木围墙的绿色也极富感染力，使人仿佛置身于绿色海洋中一般。走在这条长约四十五米的道路上，虽然完全是人工所筑空间，但渐渐地一切思考、杂念都消失了，心灵仿佛被清洗了一样澄澈透明。

这条道路可以称得上是洗心之路了，它的建造方法来源于西芳寺。设计者特意拉长正门和中门间的距离，并建以人工之

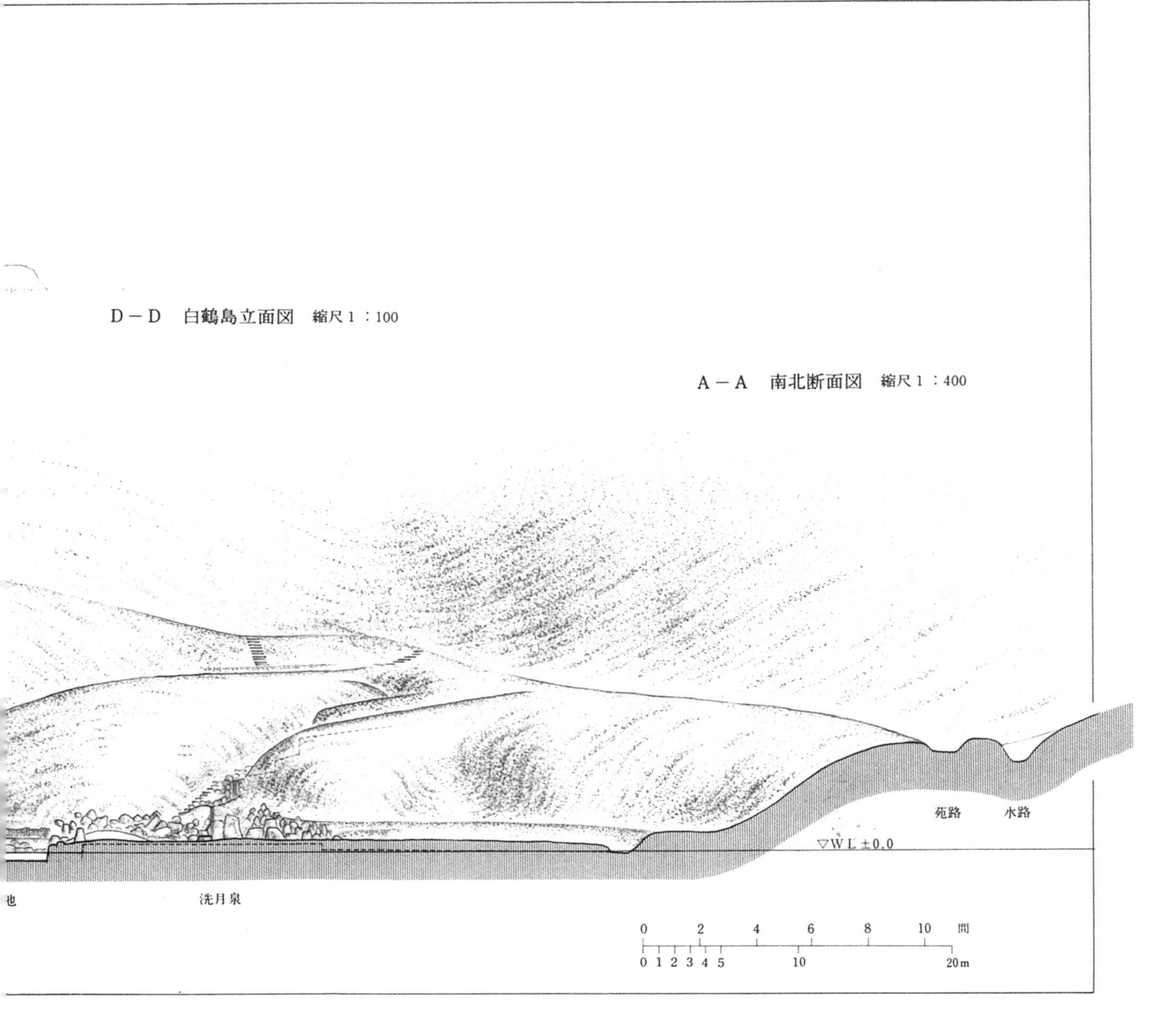

景，游人漫步其间，感觉身心都被净化了。就如同从凡尘自然而然地走向佛家净土一样。西芳寺的参道也有这样的效果。西芳寺参道和东山山庄参道的唯一不同之处便是，西芳寺的植物是自然界的一部分，而东山山庄参道的建造却完全是人工构筑的空间，因此，其净化作用也就更加明显。

西芳寺、银阁寺的这种空间建构方法在随后的园林建筑中逐渐发展为了桂离宫的御幸道。

白沙的幽玄

从洗心的参道向左（东）转便进入了中门。从库里的前面穿过，便来到了样式洒脱的唐式玄关处。透过正面的火焰形花窗，可以看到外面延伸开来的白色沙滩，还有一片青松，给人眼前一亮的感觉。

坐在本堂的宽走廊上欣赏这片白沙景观，一定会有耳目一新之感。像土俵一样高高隆起的白沙台，斜着引出的直线沙纹，沙石上有线条处和无线条处所构成的竖条形阴影，周围广阔的边缘，一切都是那样与众不同的美丽。

白沙的周围是一排青松，几乎全部遮挡住了白沙滩后的锦镜池。远处青松背景的左手边是月待山，像屋檐一样绵延起伏的杉树林一直高耸延伸到了右侧的远方。一派森然、闲静的趣味。

这片白沙堆叫做银沙滩，在其对面的右侧隆起的圆形沙丘名为向月台，这两座沙堆所营造的幽玄氛围是银阁寺园林的最大特点。但义政最初建造银阁园林时并没有这样的白沙景象，这两处白沙堆均是在江户时代以后才出现的。

据考古学家推测，在现在本堂所在位置的

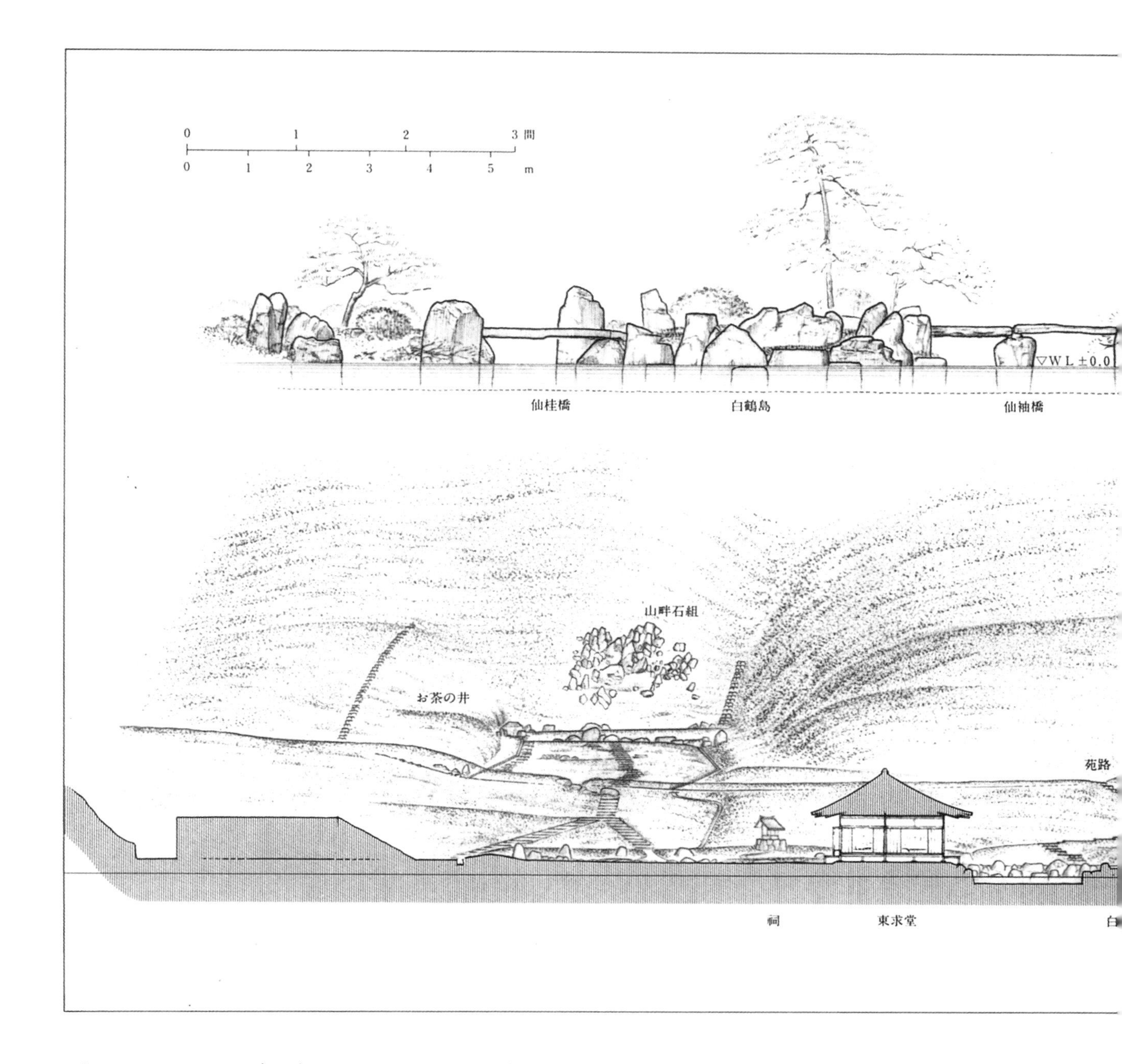

更南端，也就是接近于银沙滩的地方，义政时代建有御会所，向月台一带则建有泉殿。

银阁寺东侧月待山至大文字山为代表的比惠山一带，为花岗岩和花岗岩风化后形成的沙土。从山间小溪夹带流出的沙土都是这种花岗岩，山间溪谷成别致的白色，白川的名字也因此而得名。

元和元年（一六一五年），宫城丹波守丰盛在整修银阁园林时，溪谷中流出的白沙几乎将整个池塘都堵塞了。有关丰盛休整园林的事情，《鹿苑日录》中也有相关记载，疏浚池塘，打扫庭院。估计当时将淤积在池塘中的泥沙全部清理了上来。整个园林也因为池塘的疏浚而焕然一新。挖出的泥沙被堆积成了沙堆，之后经过人们的设计加工发展为了今天我们所看到的白沙滩、向月台。

在丰盛休整园林的二十四年后，又先后修建了本堂、客殿、玄关、库里、中门等建筑物，至此才基本形成了今日的园林格局。

《都林泉名胜图会》（宽正十一年刊）、《都名所图会》（安永九年刊）中所描绘的银沙滩形状、沙堆高度都不相同。

现在位于向月台北侧呈南北方向的长方形花坛（仙草坛），原本是在玄关处火焰花窗的东侧、银沙滩的中部东西向放置的。由石头堆砌建造而成的仙草坛高约一尺五寸。现在的银沙滩高约二尺，如果仙草坛还在原来位置的话，就会被掩盖在沙土中了。因此，考古学家认为，仙草坛被移到了现在的位置，银沙滩的高度也变高，改变成现在的崭新模样是在江户后期以后了。但可以说，这些白沙景观历经江户时代，一直是银阁园林之美的一大特色，它们经园林

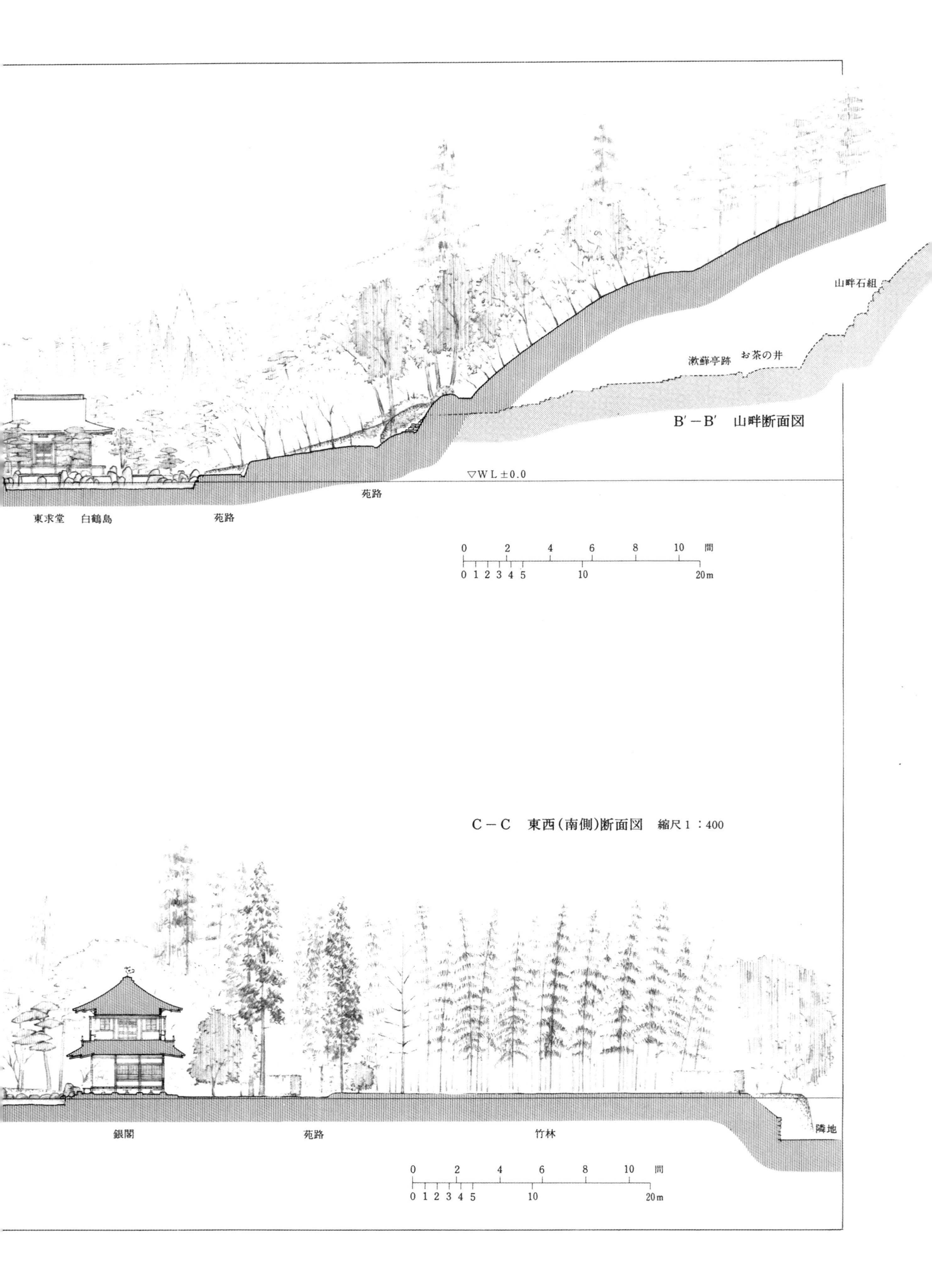
山畔石組
漱蘚亭跡
お茶の井
B′－B′　山畔断面図
▽WL±0.0
苑路
東求堂
白鶴島
苑路
0
2
4
6
8
10
間
0
1
2
3
4
5
10
20m
C－C　東西(南側)断面図　縮尺1：400
銀閣
苑路
竹林
隣地
0
2
4
6
8
10
間
0
1
2
3
4
5
10
20m

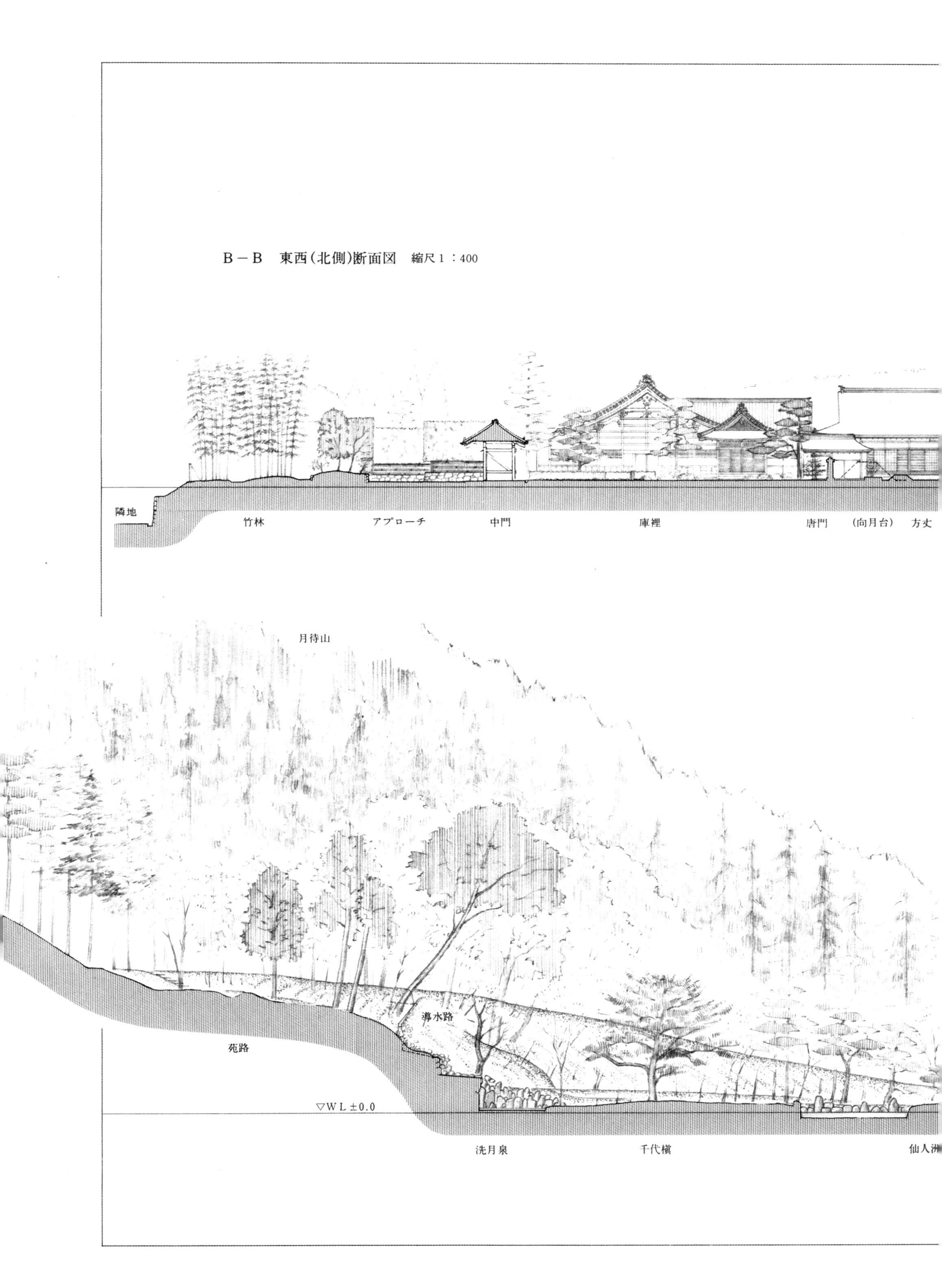

B－B　東西（北側）断面図　縮尺1：400

设计者之手，逐渐完善发展，最终成为了今日银阁园林幽玄之美的代表。

北宗山水画之美

如果说白沙的幽玄之美是银阁园林最大特色的话，仅次于白沙的要数银阁池泉园林中各式各样俊秀的石组了。甚至可以说园林中的石组倾注了义政更多的创作热情，是义政所创造美的最高境界。

游人在沿着路线游览时也许不会发现，但如果从东求堂远望园林的池泉景观时便会将美景尽收眼底。前池的中央是中岛（白鹤岛），东西两侧各有一座石桥，名为仙袖桥（西）和仙桂桥（东）。青色的桥石被高高架起，十分美观轻盈。

越过仙桂桥，左斜侧是一条低低垂下的瀑布，瀑布再往后又是一座石桥。石桥之后则是一条更高大的瀑布。

白鹤岛和两座石桥、低矮的瀑布和石桥（卧云桥），以及最深处的高大瀑布（洗月泉），这些景观成为一条中轴线，池塘边的护岸石组以及园林道路两侧的加固石组等，这些景观从东求堂望去，成为了园林的近景、中景、远景，每一景观都别有一番风味。宛如一幅北宗山水画般秀美。

仔细观察园林中石组的建造手法便会发现，银阁园林的石组建造方法汲取并融合了西芳寺、金阁寺（鹿苑寺）、天龙寺等寺院最为杰出的创作手法。

白鹤岛正面的三尊石风格石组和金阁寺的石组建造如出一辙。而金阁寺的三尊石组又是仿照西芳寺所建。仙袖桥用两块青石拼接为一座石桥，这样的建桥方式以及桥墩的摆放恰好形成一个『く』字形，这一建造手法则和天龙寺的石桥修建方法相同。

从银沙滩隔着桥远眺白鹤岛时，该岛就如同一只展翅东飞的白鹤；而从南边低矮的瀑布边的园林小径望去则如同栖息于水面的一只白鹤。将长方形的横石作为羽石搭建为鹤石组的方法在金阁寺的鹤石组中也能看到。

义政原本打算园林的整体布局仿照西芳寺的格局。虽然在细节之处也基本沿用西芳寺的建造手法，但与此同时也积极采用了天龙寺、金阁寺等的造园样式和手法。除此之外，还建造了如同北宗山水画般秀美的池泉。可以说，这样的水墨山水画似的景观最恰当地反映了义政所一直追求的理想世界。

与东求堂前的池泉景色相比，银阁（观音殿）前的池泉风景就要逊色一些了。护岸石组合中岛（仙人洲）等构成的平面布局基本和东求堂前相似，但却不如东求堂前的池泉一样宛如一幅灵动的山水画。

织田信长在为足利十五代将军义昭建造二条邸时，曾将银阁寺池泉中的九山八海石移了过去。金阁寺中的九山八海石差不多位于金阁的正前方，由此可以推断，银阁寺园林中的九山八海石也位于相同位置，即银阁前面，这样一来，移去了池泉中心风景的石头，自然景致也就大不如从前了。

散步逍遥

据说，在义政时代，银阁前的池泉要向南侧平坦的地方再延伸许多。此外，与西芳寺的合同船相对，义政在银阁南侧的入江口修建了一处名为夜泊船的船舍。

虽然建有这样的舟游小船，但银阁园林在最初却是作为回游式池泉园林所建造的。回游式池泉园林远离了舟游的乐趣，作为禅观之境，整座园林都在营造一种冥想思索的氛围。梦窗国师将净土式舟游园林改造为回游式的西芳寺园林，由此开创了回游式园林的建造方法。

回游式园林的特色在于，为了散步逍遥，设计者极力营造富于变化的景致，以此来消除游览者的审美疲劳。在银阁寺园林中，游人无论漫步于何处都不能看到银阁和东求堂的全貌。随着回游视角的不断变化，景致的一部分也随之展现在游人面前，给游客带来游览的惊喜。

园林小径经过九十九道弯来到山路入口处，登上小山，在山腰处则可看到涌泉，茶井的相君泉等。据推测，古时在泉水旁边还修建有西指庵，沿着小路再往上走，还建有一座名为超然亭的观景亭。

池泉的园中小路，以及山上的山路，它们合起来构筑了一个散步逍遥的世界。古时东山殿的世界要比我们现在看到的园林景致大得多。

（园林建造家）

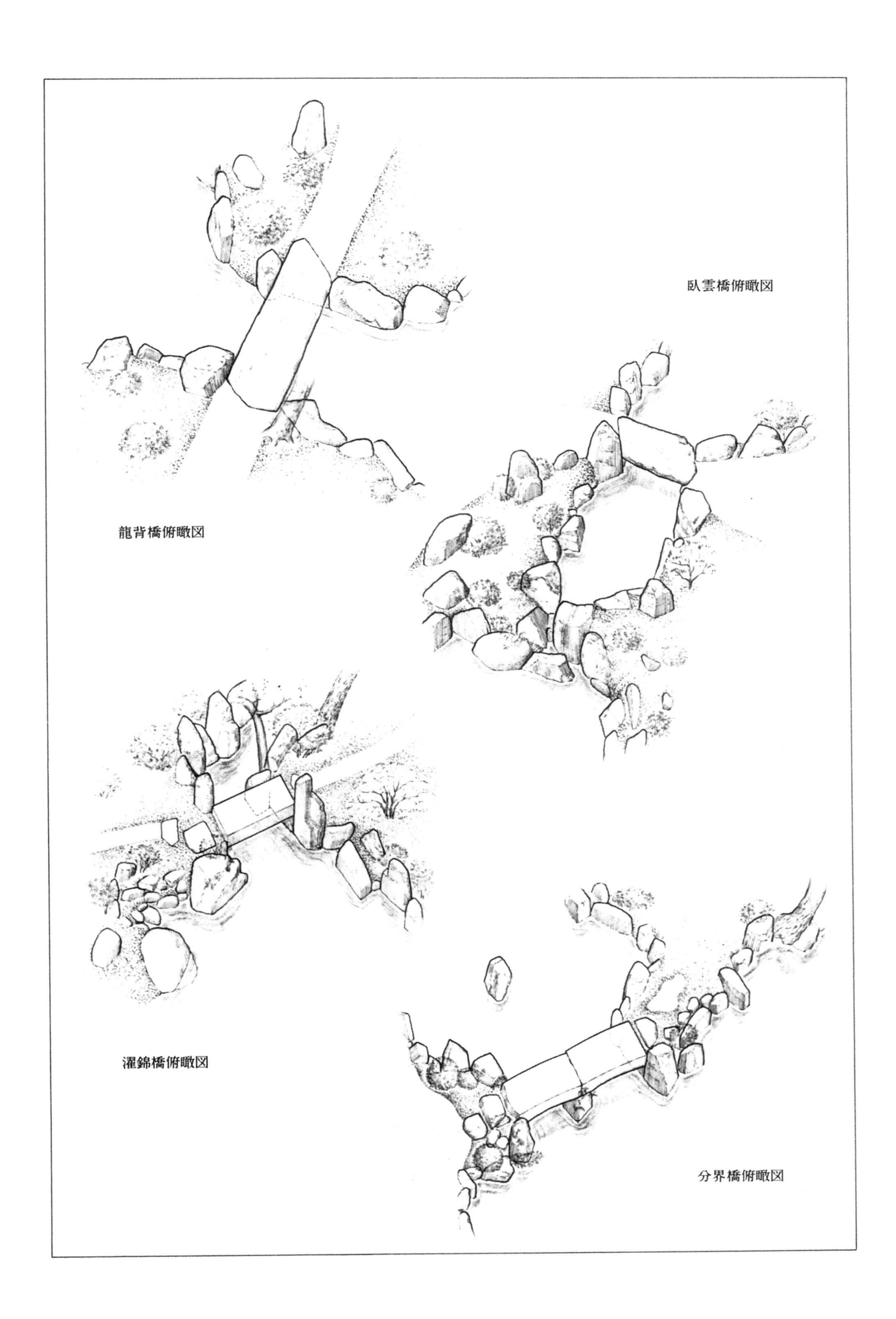
卧雲橋俯瞰図
龍背橋俯瞰図
濯錦橋俯瞰図
分界橋俯瞰図

龙安寺

枯山水的海洋

安寺石庭全景。从左依次为 1 群、2 群、3 群、4 群、5 群石组。大大小小的石头加起来总共为 15 块。

距离油土墙最近的第2组石组。石组低矮，更加凸显了整个园林的幽邃。

土墙边的第2群石组。右侧石头的背面刻有“小太郎”“清（彦？）二郎”的字样。

请看第4群和第5群石组。

位于园林中央的第3群横三尊石组。

西边最内侧的第 4 群石组。两块石头形成鲜明对比，很是有趣。

浮于白砂之上的第2～5群石组，如同漂浮在大海中的岛屿。

请看第3、4、5群石组。

黎明前的第 3、4、5 群石组，呈现出与白天截然不同的面貌。

雨中的石庭。

凌晨五点。石庭还笼罩在夜色的黑暗之中。当僧侣们开始一天的功课之时，庭院变得微微泛白。这一变化几乎是在一瞬间发生的。时间改变着石庭的表情。

飘雪的清晨

降雨时分，石庭中的石头默默地面对着一切。盛夏的白光中，砂砾构成的海洋仿佛掀起了巨浪。黄昏到来之时，土墙仿佛融于了夜色之中，整个石庭展现出一种无限的宽广。

雪中的第1群石组。

深夜一场小雪到访，在黎明的晨光中演奏出一曲单音协奏曲。

白雪覆盖的第3群和第4群石组。

第2群石组和银装素裹的垂樱。

方丈①和土墙间的狭小空间内放置着十五块石头。

被环绕的石庭

方丈曾多次遭遇火灾。江户中期，曾将分院西源院的方丈移建于此，在那时石庭和方丈之间便有了一点空隙。

土墙相比于石庭是高，还是低呢？静静地坐在方丈里观赏石庭，土墙仿佛峻拒着身后的风景一般，独自忍耐着凌凌风雪。

龙安寺敕使门。门左侧上方漏出了油土墙东边的屋顶。

① （佛教语。据《维摩经》载，维摩居士的居室为一丈见方，故名）方丈。禅宗寺院的住持、长老（的居所、居室）

油土墙东侧。在昭和53年时屋顶由之前的瓦屋顶修葺为了木瓦板屋顶。

保存于龙安寺，勅使门上的狮子口瓦当。高 40.2cm，宽 39.2cm，厚约 29.1cm。

整修油土墙时发现保存的“悬鱼”①。高 39cm，宽 25.5cm。

①建筑装饰的一种。

油土墙外侧。

屋檐下的排水槽和第5群石组。

外走廊、石板砖、雨水沟和白砂纹路构成的几何形图案。

从方丈西侧看到的风景。几块石头所围着的地方有一株“垂樱”古树。

藏六庵庭院中的“手水钵”。洗手池正中央是一个“口”字，周围一圈四个字皆借用“口”字旁，组成了“吾唯知足”。

从正面看到的龙安寺方丈。这座建筑是在江户中期将塔头西源院方丈移建而来的。

南画家皋月鹤翁在昭和初期创作的屏风画——升龙。

同上，方丈屏风画——降龙。

传统日式房间中的火焰型窗花和陈列架。

烟雨蒙蒙中，龙安寺山脚下的镜容池。相传这里是德大寺家园林的遗址。

龙安寺的石庭

井上 靖
作家

记得还是我在京都大学上学的时候，因为住的地方离龙安寺站很近，所以经常吃完晚饭后，和哲学系的学弟T君一起散步路过龙安寺。从公寓出来后，先从龙安寺门前经过，然后走到仁和寺，再从仁和寺折回，这几乎成了我们每天的散步路线。有一段时间我们还会每天都进龙安寺里，绕着池子转大半圈。

因此，我对龙安寺，以及龙安寺的石庭并不陌生。我在京都大学上学的时候，龙安寺还不像现在这么有名，仅有一小部分人知道，游客也不多。

那时也并不需要门票。在『库里』的门口问一声，如果恰好有人的话就打个招呼，没有人的话就在门口脱了鞋，进到殿里，再到『方丈』的走廊处。如果是在傍晚时分去的话，会有很多蠓虫、蚊子，稍不注意便会被叮咬。

那时游览龙安寺完全不像现在这样仿佛是要看什么世间珍宝一样。上大学时我还会时不时地去妙心寺的东海庵园林，游览东海庵园林必须经过许可，多少有些麻烦，因此相比之下我更喜爱龙安寺。

虽然是吃完晚饭散步时顺便游览龙安寺的石庭，但在参观了几次之后，不知不觉，我已被这个由几块石头构成的园林深深地吸引了。发现这一点时已是我从大学毕业，进入大阪的报社工作的时候了。每次回京都看望大学时代的房东以及公寓旁的乌冬店老板时，我都会再去龙安寺，虽然有一丝阔别叙旧的情绪夹杂其中，但也并不完全都是。坐在『方丈』的走廊上，哪怕只有五分钟、十分钟，也想静静地看看那白色的沙面。

重新认真思考龙安寺的石庭和学生时代与友人的关系是在战争快要结束的时候。那时我刚刚得知T君在中国战死的消息，而上学时T君经常和我一起去东寺的讲堂以及龙安寺园林等处。战争结束的前夜，昭和二十年七月，为了悼念战死的T君，我曾写过一首题为《石庭》的诗。这首诗后来刊载于昭和二十一年五月的京都大学校报上，是我整理与T君关于石庭的对话而来的。因此，诗中所写的究竟是我对石庭的想法，还是T君对石庭的意见，现在已经无从知晓了。

——可以确定的是，古时候有一位园林师将十四块石头搬到了这里，然后精心设计摆放这些石头。

T君这样说道，也许不是T君说的，而是我说的。

——年轻的园林师吗？

——不，应该是老人吧。

——否定草，否定树木，否定苔藓。从这一点看，应该不是老人吧。我觉得应该是年轻的园林师。

——园林师每天都在看这些石头。一会儿在这里摆放一块石头，一会儿又在那里摆放一块。真是一位奇怪的园林师。这个人应该有着不同寻常的人生经历。如果是这样的话，那应该还是一位年老的园林师。

——园林师年长还是年轻暂且不讨论了，想知道这位园林师的内心究竟是怎样的？

——虚无。

——不是。

——颓废。

——也不是。

——那是什么呢？

——无法具体言说，姑且称之为一种落寞的精神吧。话又说回来了，人们为什么会觉得这座园林好呢？既然百看不厌，那游览者一定从中感受到了美的存在。

——不，这是错觉。将其误认为是美。因为这座园林所拥有的类似于苦恼的东西太过巨大了，所以每次来到这里，我们都会有一种被慰藉、温暖的感觉。它懂得我们心中的一切。

——这是错觉吗？

——我觉得是。我们每次都将此误认为是美，然后回到日常的现实生活中。

我和T君就像这样交谈着。我已忘记了哪句话是T君说的，哪句话是自己说的了。但不论是谁提问，谁回答，这一切都无关紧要了。青春便是如此，充满了这样的一问一答。

我将和丁君的谈话内容写在诗中，附言写道『献给阵亡的丁君』，然后发表在了大学的校报上。现在再次读到这首诗，我不禁会想，原来对于年轻的我来说，龙安寺的石庭是这样一种存在啊。如果现在再问我怎样评价龙安寺石庭的话，或许我会给出不同的答案。再也不敢像年轻时那样轻易地说龙安寺的石庭所带有的是一种『落寞精神』了。

不光如此，如今再次来到龙安寺，我甚至不会好奇石庭的园林师具备怎样一种精神了。因为，龙安寺的石庭是我青春时代的园林，我再也不会像年轻时那样频繁地前往龙安寺，思考着园林与自己的关系了。

在此，将刊载于大学学报上的《石庭》一诗转录如下。

很久之前，有一个人曾将十四块石头搬到了这片白色的砂石之上，然后很认真的思考设计如何摆放这些石头。我们不知道这个园林师的年龄，也不知道其过着怎样的生活，更不知道他是怎样的人。

但他否定了草、树木、苔藓，否定了一切，只凝视着冰冷的石头。这是一种何等落寞的精神。

第一个评价龙安寺园林为美的人是谁啊？人们每次来到这里都会发现自己心中的苦恼是何等的微不足道，人们被这座园林慰藉、温暖，然后将这一切当做是一种美，然而这只是一种错觉。

（文艺春秋刊《与美的相遇》摘自《东寺的讲堂和龙安寺的石庭》）

「洛北龍安寺」図

活着的石头

与龙安寺的相遇

池田满寿夫

二月下旬我去了一趟龙安寺。

在我印象当中，这已是第三次去龙安寺了。但很抱歉每次都是因为私事前往，第一次去龙安寺是与新婚不久的美国妻子L和她的母亲一起。前妻和她母亲都很想去龙安寺，所以我便当起了他们的向导，但我对京都也不是很熟悉。

不仅是京都，一直以来我都没有过多关注日本的传统艺术。虽然之前来过几次京都，但也只游览过清水寺和金阁寺。

身为外国人的妻子一直想去龙安寺。想要了解日本文化就必须去京都，而要游览京都的话，就必须去金阁、银阁、龙安寺的石庭和西芳寺（苔寺），这一切在她看来早已成为了众所周知的常识。对此我当然没有反对。我也很需要参观日本的名胜古迹。即便不关心日本传统，但也需要知道一些最基本的东西。

我也很惊讶妻子和她母亲虽然是美国人，但除了参观金阁、银阁，竟然还会参观龙安寺和苔寺。如果在这个名单中再加入桂离宫的话，那京都的著名园林中除了大仙院以外，所有收录在此系列书籍《日本的园林美》中的园林都包含在内了。龙安寺逐渐被世人知晓是在东京奥运会（昭和三十九年）或是大阪万博会（昭和四十五年）的时候，距现在时间还不是很长。昭和五十年（一九七五年）伊丽莎白女王访日之后，龙安寺开始在全世界名声大噪。

战前，只有一小部分人知道龙安寺的石庭。每天也仅有五十人左右参观。而

細川勝元像

现在每天有将近数千的游客前来参观游览，只为看一眼龙安寺朴素至极的石庭。

我最初知道龙安寺的石庭大约是从美术史的教科书或其他什么书中看到的，但第一次真正记忆深刻，则是从小津安二郎的电影《晚春》中看到的，电影中的主人公笠智众和源节子坐在龙安寺方丈的走廊上远眺石庭，这一幕至今我都印象深刻。据龙安寺的负责人介绍，龙安寺第一次登上荧幕就是在《晚春》里。

恐怕很多人第一次看到石庭后都会惊讶它是如此之小。虽然在照片上也见到过，但说实话，实际看到的石庭和想象当中的差距还是很大，我多少有些失望。在被围墙包围的仅有七十五坪的狭小空间内，地面上铺着白色的砂砾，其中摆放着十五块石头，这便是龙安寺的石庭，第一次看到它时恐怕没有几个人能理解其中之美。

原本园林是散步时供人欣赏，亦或是边欣赏边散步的场所。不知从何时起变成了从特定场所观赏的风景了。但坐在屋子的走廊一边喝茶、吃饭、闲谈，一边欣赏屋中间的小院，这样的体验在哪里都能做到。

让人心生惬意的园林大多都有树木、池塘、精心布置摆放的石头，在这广阔的空间中人们会有一种无拘无束的感觉。绝大部分园林都是将自然之景精心布置在适宜人们观赏的角度，或是在保证与自然之景连贯性的基础上将人工之景展现在人们的眼前。

但龙安寺的石庭却不是这样的。人们将龙安寺石庭的设计方式称作枯山水。但对于第一次见到这种风景的人来说，即便是对于我这样已习惯了如此风景的人，都会觉得太过平淡，心中不禁会有些失望。

或许石庭的建造者在通过这种方式表达着什么，心生疑问的人也许会开始这样想，但究竟要表达什么，这始终是一个谜。

园林是为了让人观赏而存在的。园林汇集了大自然之美，让世人虽然身处园林之中但仍有一种置身于深山幽谷的感觉。甚至可以说，园林在感知人的心灵，与人产生共鸣。

石に囲まれた「糸桜」の古株

但龙安寺的石庭却并非如此，游人仅仅通过眼睛观赏是不会产生共鸣之情的。欣赏龙安寺的石庭需要人们静静地思考。石庭也没能给游人一种无拘无束之感。游人甚至首先感受到的是一种狭小空间的局促之感。

有时会有十几个游人同时坐在走廊上欣赏着石庭。有的人没过多久便会觉得无聊，起身而去；也有的人会在那里一坐便是几个小时。

从观察到认识

第二次游览龙安寺是数年前和现在的妻子阳子一起去的，虽说对龙安寺并不陌生，但仍旧没有从心底涌起感动之情。也许是因为下意识中想要努力理解龙安寺石庭之美的原因，所以才不会有自然的感动之情了吧。虽然我不是专门学习园林美术的，但也多年从事美术行业，即便如此也很难理解石庭之美，甚至无法判断这座园林到底是出色，还是平淡无奇。

这次我之所以决定撰写有关龙安寺的文章，正是想改变之前对龙安寺石庭一知半解的窘状。但我并没有系统学习过日本美术史，更不擅长园林方面的美学。换句话说，我完全没有园林方面的知识，对于园林是一个彻彻底底的外行。

龙安寺石庭中有几块石头呢？如果突然有人问这样一个问题，我一定回答不出来。虽然我已经去过两次或是更多次龙安寺了，可对于这样一个简单的问题我却回答不出来。即便现在回答说『有十五块石头』，但这并不表明我已经完全理解了石庭。那么，龙安寺的建造者为什么会在石庭中摆放十五块石头呢？思考这样一个问题也许是试图理解龙安寺石庭的第一步吧。

认识一个事物通常要花很长时间去观察。观察的结果是，会问『为什么会成为这样呢？』『有什么原因吗？』开始思考这些问题，便是认识事物的第一步。不论事物美丑，人们都在试图寻找相应的原因。但遗憾的是很多情况下，人们只是远远观赏而已。

細川勝元の墓(左)、政元の墓(右)

园林的一大难点在于，它不同于绘画等其它造型作品，园林受到周围自然环境的影响很大。绘画作品虽然也会由于装饰场所的不同，受到环境的影响，发生褪色、破损等物理变化，但从理论上来说绘画作品是独立于周围环境而存在的。绘画作品本身便构成了一个完整的世界。园林虽然经人工之手建造而成，但因其原材料为自然界的一部分，所以它也和自然界一样，成为随着时间的推移不断变化的有生命之物。根据季节、时间的不同，园林的样子绝不会一成不变。园林中的建筑物、室外雕塑等与其所处的环境休戚与共，而园林最初的设计构思更容易受到时间推移、环境等的支配。

换言之，普通园林的意义便在于其四季轮回的乐趣，园林本身便拥有改变园中陈设和趣味之美的美意识。虽然普通园林也有作者的创作意图，但这种创作意图必须与自然界的变化融为一体，或者说园林设计者的创意和心血都隐藏在了其不动神色地尽量让人感受不到人工创造的痕迹。

以上便是我对于园林仅有的了解。这次我还游览了金阁寺，但我甚至不知道，与金阁一样，金阁前面的园林同样非常出色，而这已是家喻户晓之事。只能说我只沉醉于金阁闪闪发光的金箔中，一直都没有仔细观赏金阁前的园林。我第一次意识到园林的造型设计是在游览银阁寺的时候。因为完全没有园林方面的知识，所以当我看到向月台和银沙滩的沙子造型后，我被其独特的设计所折服了。金阁寺和银阁寺的园林都与建筑物融为一体，保持着一种和谐一致。

但龙安寺的石庭有时看来却像是硬生生地修建在了方丈的前面。与其说是园林，不如说如果没有石头的话，更像是一片白色沙洲。而且石庭好像在拒绝着游客的参观。我们甚至能感觉到这些石头的痛苦表情。

当然我并无意贬低龙安寺的石庭。我仅仅是写下了参观石庭时的第一印象。或许这都是因为当我在遇到异质事物的时候，多少有些固执不够变通吧。

義天玄承の墓

奇妙的布置

这次游览龙安寺，让我深刻体会到了人的记忆是多么的不可靠。之所以有这样的感慨，是因为我完全忘记了在参道中途的前方还有一个名叫镜容池的池塘。龙安寺的石庭太有名了，以至于大家都忽视了镜容池。也或许是因为之前没能在池塘周围散步，所以记忆当中完全没有这个池子也就不足为奇了。

这次来到龙安寺，我决定首先在池塘周围散步。池塘中间有一座小岛，岛上建有祠堂，周遭是茂密的树木，其间散落着各式各样的石头，地面上则覆盖着青青的苔藓，整个小岛都被打扫得干干净净。虽然有些寒意，但却让人感到神清气爽。在差不多绕池塘周围一圈的地方便是围墙，里面便是石庭了。从外面什么都看不到，只让人觉得里面隐藏着什么。沿着围墙向前，我便生平第一次进入了龙安寺的方丈。方丈的玄关处摆放着屏风，上面是一幅书法作品。不知为何对于这个屏风我倒是记得很清楚。向左沿着走廊再稍走一会儿，便已经来到了方丈的外走廊处。首先映入眼帘的是排列坐在走廊上观赏石庭的游人们的背影。猛一看仿佛大家是在晒太阳，而外面恰好是艳阳高照。

一刹那间，石庭的全景忽然展现在了游人的面前。因为从玄关处到石庭并没有多远的距离，所以石庭总是这样在人们不经意的时候悄然出现。而石庭前面永远是人潮涌动。游客有的坐着，有的站着，仿佛在观看一幕哑剧。涌动的人潮前面，是一片寂静。寂静和喧闹的对比是如此的突然，以至于让我误以为无意间闯入一部正在上演的舞台话剧，一时间有些晕眩、不知所措。这部哑剧没有演员，只有十五块石头分成五堆静静地像是倚靠在背景的土墙边一般排列着。从方丈看去，这些石头成扇形排列，因此相对于中间的空地，最里处显得有些局促。之所以感到有些局促，或许是因为我的视线立马朝向最远处土墙的原因吧。越看这些石头，越觉得它们的排列方式是如此地奇妙。石头与石头之间仿佛缺少些什么，但又保持着一种不平衡之美。我们甚至不知道这是不是建造者故意所为。给人的第一感觉是，建造者只是将这些石头随意摆放在此。

每每看到白砂上的波纹造型，我的心都会为之一震，心驰神往。据说龙安寺的石庭修建于室町时代，但现在已无从考证了。同样我们也不知道石庭的建造者是谁。大山平四郎的《龙安寺石庭》一书中指出，学界认为可能性最大的是相阿弥，除此之外，还有学者认为是细川胜元。此外，关于石庭作者，还有龙安寺开山鼻祖义天禅师说、中兴之祖特芳禅师说、茶人金森宗和说、小太郎与清二郎说等等，学界众说纷纭。大山氏则认为石庭的作者是继承雪舟艺脉的子建。因子建所建造的秒心寺灵云院与龙安寺石庭有很多相通之处。但我并没有见过灵云院。

谜一般的园林

细川胜元从德大寺家得到北山山庄后便在此修建了龙安寺，但在应仁之乱时龙安寺毁于战火，胜元之子政元于长享二年（一四八八年）再次修建，但江户时代宽政九年（一七九七年）的一场大火使得龙安寺的方丈、走廊等再次被烧毁。火灾之后，每次重修方丈其大小和位置都在变化，而石庭也随之不断变化。

重森三玲所著之书《东西历览记》出版于江户初期的延宝九年（一六八一年），其中写道『方丈前庭中石头九块』。但在出版于天和二年（一六八一年）的《雍州府志》中却将其订正为『石庭中的大石头有九块』。天明八年（一七八八年）出版的《笈埃随笔》中写道『大石头一块，小石头三四块』。

就连石庭中石头的数量这件小事，每个年代的数目都不同。为什么人们没能清楚地记载石庭中有十五块石头这件事呢。究其原因，可以说是因为确实石头的数量发生了变化，也可以说是因为计数的人不够认真。在前文当中我曾提到，就连我自己也是如此，如果没有阅读这些文献，我也不知道石庭中有十五块石头。究其原因，可以将其归结为人们不够认真，但对于普通的游客来说，园中有几块石头，这件事本身就是无关紧要的，但如果做研究的话就不一样了。也许古人在

伝相阿弥筆「龍安禅寺敷地山之図」

「小太郎」、「清(彦？)二郎」銘

计数时只算上了大石头，对于小石头则忽略不计了。之后重新数的时候又把小石头也算了进去。但文献当中也并没有这样的推测，这一点让我觉得多少有些诧异。此外，关于石庭还有另外一种说法。天正十六年（一五八八年）丰臣秀吉游览龙安寺时，在石庭的西北角观赏垂樱并举办了和歌会，但并没有歌咏石庭的诗歌流传，所以有人推断，在桃山时代，石庭当中还没有布置石头，这一说法也让我很惊讶。

那么人们创造龙安寺石庭的初衷到底是什么呢？关于这个问题也是众说纷纭。在江户时代人们已经认识到龙安寺石庭打破常规，拥有无与伦比的独创性和创新性这一点了。但即便如此，人们还是不知道石庭的真正作者是谁，又是出于什么原因建造了石庭。

我在翻阅重森氏所著的《龙安寺园林》一书中找到这样一段有趣的叙述。从古代开始日本园林一直以池塘式园林为主，因此如果在宅邸修建园林的话，会在宅邸前面的二十米处制作砂场，再在南边布置池塘园林，这是一直以来的建园法则。但应仁之乱以后，京都变为一片焦土，各个寺院也无力再建造池塘园林，因此寺院前的砂场就没有什么用处了。

在这个废弃的砂场上布置石块，也就是枯山水的建园设计方法，不用耗费过多的树木、岩石，原本的初衷是为了节省开支，是一种节约成本的造园方法。

近些年来，『地球作品』作为一种新的艺术理念风靡世界各国。地球艺术理念倡导利用自然界的地形，开挖沟渠，再简单放置石头、木片等。也有评论家将其称为『贫穷艺术』。我虽然不知道这一艺术理念有没有受到日本枯山水、石庭等的影响，但从其运用极简的素材进行创作这一点来看，它的本质是与龙安寺的石庭相通的。

也就是说，运用现代的艺术观点来看，石庭可以说是一种『贫穷艺术』。

如果重森氏的观点正确的话，那么可以说是内乱之后的百业凋敝促成了用最低的成本建造枯山水的创意。想来很是有趣。

和暦	西暦	龍安寺庭園関連年表
保元年間	一一五六～五九	この頃、現在の龍安寺あたりの地が衣笠左大臣三条実能の別業となる。三条家、徳大寺を家名とする。
永享二	一四三〇	細川勝元生れる。
宝徳二	五〇	勝元、徳大寺公有から山荘を護り受け、妙心寺の義天玄承を請じて龍安寺を建立する。
文正元	六六	細川政元生れる。
応仁元	六七	一月、応仁の乱おこる。勝元、山名宗全(持豊)と争う。
文明四	七二	龍安寺、応仁の乱の戦火により焼失する。のちに洛中に移建。
五	七三	三月、宗全没。七十歳。　五月、勝元没。四十四歳。
九	七七	十一月、応仁の乱終わる。
十七	八五	五月、政元、龍安寺で千六百余人を集め勝元の十三回忌を行う。
長享二	八八	政元、龍安寺を現在の北山山麓に再建。特芳禅傑をもって中興開山とする。
延徳二～三	九〇～九一	この頃、『蔭涼軒日録』に「小太郎・彦二郎・彦三郎・彦六」らの名前が見受けられる。
明応二	九三	足利十代将軍義稙、上洛し、龍安寺に滞在する。一条兼良の娘、大珠院を創建する。
永正四	一五〇七	政元、暗殺される。四十一歳。
大永五	二五	十月、相阿弥没。
天文十二	四三	この頃、子建、妙心寺霊雲院庭園を作庭したとされる。
天正九	八一	一月、子建没。九十六歳。
十六	八八	二月、豊臣秀吉、龍安寺の糸桜(しだれざくら)を賞美、歌を詠む。また、「庭の石うへ木以下取べからざる事」など三か条を記した禁札を立てる。
慶長五	一六〇〇	真田幸村の娘婿石河備前守光吉、荒廃していた大珠院を再興する。
延宝八	八〇	九月、黒川道祐、龍安寺を訪れ、相阿弥作庭説を立てる。
天和元	八一	道祐、『東西歴覧記』を著し、龍安寺方丈の大きさを「東西八間、南北五間」と記す。(現在、東西十二間、南北十間)　また、「方丈ノ庭ニ石九ツアリ」と記す。
二	八二	道祐、『雍州府志』を著し、龍安寺方丈の庭を勝元の作庭と断言する。また、石の数を「其石之大者九個」と記す。
天明八	一七八八	百井塘雨、『笈埃随筆』を著し、龍安寺の創建者は勝元だが、庭はのちに相阿弥が作庭したと述べる。また、庭石について「虎子渡とて大岩一ツに小岩三四ツありて」と記す。
寛政九	九七	龍安寺、火災により方丈、開山堂、仏殿を失う。方丈は、のちに塔頭西源院のものを移建する。(現在の方丈)
十一	九九	秋里籬島、『都林泉名勝図会』を著し、庭を相阿弥の作庭と記す。
昭和二四	一九四九	龍安寺で小津安二郎監督の映画「晩春」の撮影が行われる。同年映画公開。
五十	七五	五月、来日したイギリスのエリザベス女王が龍安寺を訪れる。
五三	七八	庭の築地塀の屋根、瓦葺から柿葺に改修される。

与此相似的还有战后草月流的创立。草月流开创了用废弃物和鲜花创作作品的先河。据说敕使河原苍风在看到遍地焦土的东京后，想到与其使用扭曲变形的铁屑，倒不如什么材料都不用更好。

龙安寺石庭的空寂之感来源于禅的氛围。与其说这是一个充足的空间，倒不如说他给人一种被删减、削去之感，是一种负的空间。不是阳而是阴的空间。我反复观赏石庭，总觉得缺少了些什么。但又想不出要添些什么。就像是技艺不精、破绽百出的武士，但对手却找不出任何可攻击之处，不足之中有一种自在。归根到底，龙安寺的石庭是随意的。虽然石头静静地摆放在那里，但却让人感觉到它们会在某一瞬间转动起来。

在靠墙的石头上刻有『小太郎』『清二郎』的字样。清二郎也可以读作彦二郎。虽然石庭中的石头上刻有这样的字样，但没有人认为这两个人便是石庭的建造者，这一点也很耐人寻味。也许他们只是参加石庭修建的工人吧。

关于龙安寺石庭的未解之谜还有很多，大山氏将其归为七大谜题。（一）是借景还是造景（二）石头摆放的标准（三）石庭面积的变化（四）作者建造石庭的意图（五）石庭建造的年代（六）作者（七）参照的蓝本。虽然大山氏没有明确指出，但所有问题都可以用一个问题来总结，那便是，龙安寺的石庭是否真的是一座杰出的园林。

掌握相关园林知识在欣赏园林建筑时很有用，此话不假，但即便学界认为龙安寺的石庭是一座杰出的园林，如果观赏者自身没有被它的美所打动的话，也没有任何意义。园林鉴赏家经常说，心无杂念地去欣赏。所言极是，但凡人却很难做到心

蔵六庵外観

无杂念。即便真的理解了石庭的美丽，但如果要用语言来表达的话，便很困难了。

我所感受到的『气』

既然写了这么多有关龙安寺石庭的事，那便不得不说一说我对于石庭的印象了。在说到石庭杰出的理由时，大山氏首先举出的一点便是，石庭当中没有一棵树木，这一设计非常具有独创性。大山氏的这一说法甚是明了。而第二点便是，石庭的象征性。那么石庭的象征性又是什么呢？仅仅由修饰有纹路的白砂和十五块石头所构造的景色，看起来既像是云海中只露出山顶的山峰，又像是浮于大海的小岛。写实的园林往往只能仿造一处景观，但相比之下，抽象、充满象征性的石庭却能让人联想到截然不同的两种风景。不仅如此，在一些人看来石庭只是一个空旷虚无的空间，而另一些人却能在这里发现设计的巧妙。总之龙安寺的石庭让人遐想连篇。

龙安寺的石庭不光能够让人单纯地欣赏风景，而且还会引人深思。正是因为它的简单，才会促使人们从简单当中寻求一些哲理。有的人从石庭中感受到了禅意，有的人将石庭看做是一幅抽象画，而对于一些人来说只是几块粗糙的石头。

价值是相对的。我去了大德寺，参观了大仙院的石庭和龙源院的枯山水。在傍晚时分又返回到了游人渐渐离去的龙安寺石庭。我原本想欣赏月光下的石庭，但因为时间有限，所以只能作罢。

游人离去，笼罩在傍晚时分灰色光线中的石庭是如此的美丽，它的美丽超过了我之前所看到的任何风景。在看过了大仙院波洛克式的石庭，龙源院极度抽象人工的园林之后，龙安寺的石庭有一种无可挑剔的简洁之美。动和静的呼应在灰色的暮光中展现出一种绝妙的平衡。从中我感受到了一种『气』的存在，或者说是一种气息。也许是人的气息，喧嚣的气息。那些石头仿佛具有生命力。

此刻的风景和留在脑海中的印象我将一生难忘。

（画家）

庭园解说　龙安寺

斋藤　忠一

龍安寺境内配置図　縮尺1：2500

配置図中のアルファベットは、断面図の実測位置を示す。

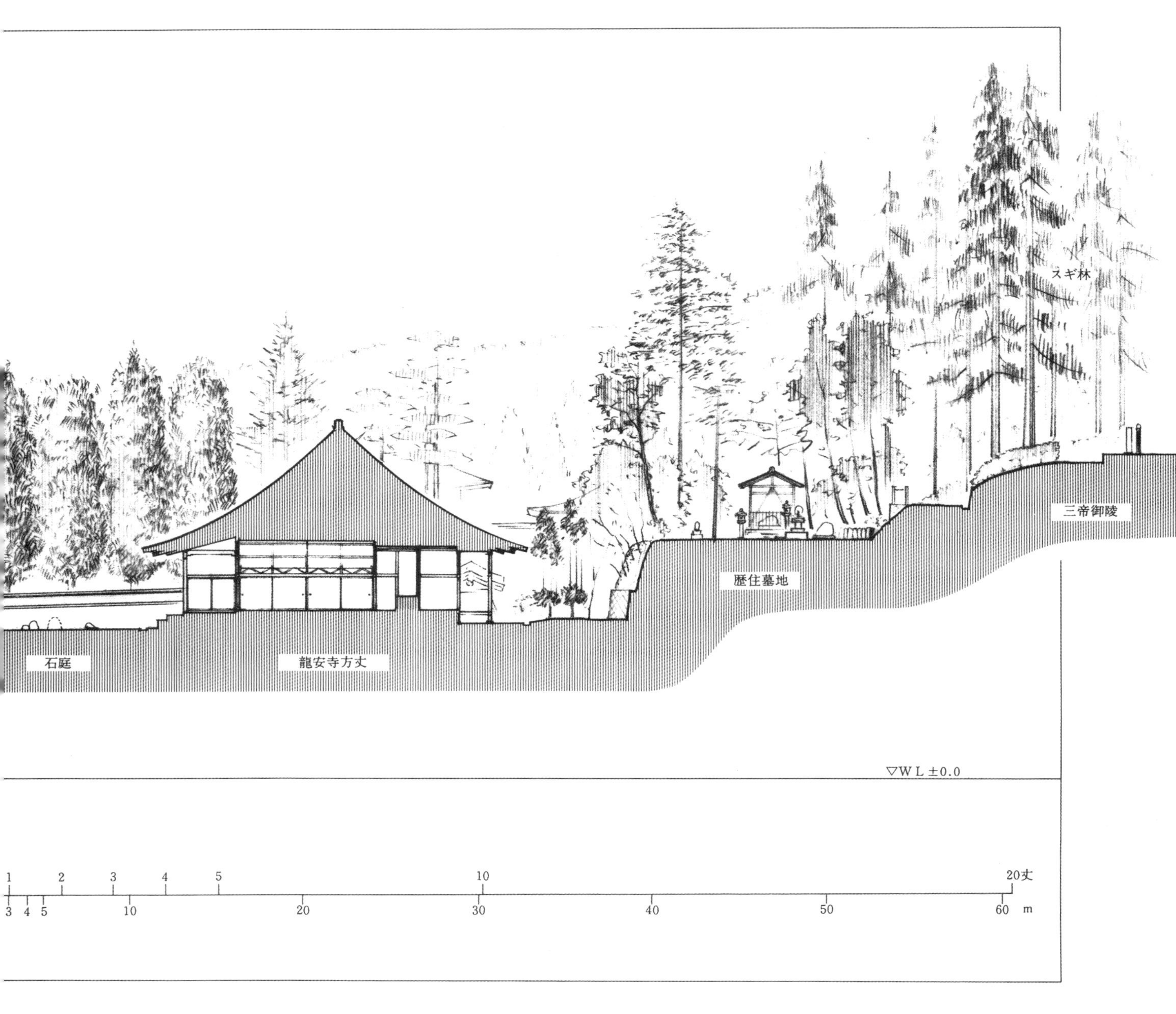

镜容池周游

进入山门，缓步拾阶而上，数十步之后左手边便是一个大的池塘。池塘东西宽一百二十米，南北长六十五米，接近于长方形。池中分布着三个大小不等的岛屿，这三个岛屿几乎在一条直线上。位于中央的大岛上建有辨天社，成宗像式苑池形式（如同福冈县的宗像神社一样，供奉着三神的三座岛屿成直线排列的池泉形式）。翻看古代地图可以知道，除了现有的三座岛屿之外，上面还画有几座小岛，是一座多岛式的池泉园林。

仅从现在的形状来看，镜容池有可能是一座灌溉用的池塘。可以推测，德大寺家在修建别墅时，将已有的灌溉用池塘改建为了园林池泉。事实上，即便成为观赏园林之后，池塘仍具有灌溉功能，但在德大寺家时代，镜容池应该更具风雅情趣。

镜容池南岸的土堤高约5.5米。为了扩大池塘蓄水量，所以加高了堤岸；为了使池塘更深，也改变了护岸，因此这样看来池泉的优雅性仿佛就消失了。现在，经过翻修整理，池泉园林周围的景色一点点丰富了起来，游人不自觉地被这儿的美景吸引了过来，绕着池塘游览。此外，池塘的东岸一直向北延伸通往库里，与方丈相通。

镜容池景观的丰富多变在观赏石庭时起到了很大作用，这一点会在后面的内容中详细讲述。

异质的园林空间

觉，整个人仿佛陷入了一种错觉，看到了梦幻般的景色。

在方丈通透的外走廊前面是一片白砂，其间散落着大大小小的石块。周围是土墙。排水槽则铺设其中。

端坐在方丈的走廊上静静地观赏眼前的石庭。如果单看平面设计图，石庭完全符合禅宗寺院方丈前庭的规模，但实际看到的石庭却让人感觉到它与其它禅宗园林完全不同，堪称异质的空间。

正是石庭四周的围墙和墙面特殊的纹路造就了这个空间的异质性。与围墙的高度相比，围墙的顶部显得很大。房檐一直延伸到椽下一米左右，总高1.8米。即便这样，房檐也有一米高。最近几年已将屋顶复原成了最初的木瓦板式屋顶。在这之前是铺着六片大瓦的屋顶。通常像这样高度的围墙只需铺二三片瓦，这样算来是普通情况的三倍。

此外设计者将围墙的高度设置得低于人们坐在方丈时观赏石庭的视线。因此给人一种俯视围墙的感觉。

正如上文所解释，围墙高度和围墙顶部的不协调造就了园林空间的独特性，可以说是一种打破常规之美。

外墙内外

观察这座独特的围墙会发现，墙顶一直延伸到椽的1.8米处，总高度为2.5米。

同样一堵围墙，为什么内外高度不同呢。这

是因为围墙内的地面要比围墙外地面高出70厘米的原因。

仔细研究石庭围墙后会发现，原本内围墙和外围墙的高度是相同的，但之后围墙内部的地面升高，围墙内外的地面高度产生差距。结果只能改变围墙内侧的高度，而异质的空间就在这种情况下诞生了。

通常，如果内外地面产生高度差，一般会先补齐相差的地方，然后再在上面修筑围墙。

前些年，人们对石庭围墙进行了大规模修缮。在将围墙顶换成木瓦板顶的同时，对于破损严重的地方也进行了重新修葺。

石庭的围墙是真正意义上的夯土墙。按照墙体设计厚度制作模板，然后向里填充石灰、盐卤等搅拌而成的黏土，每次向里填充三寸（约90厘米）或四寸，依次重复。将作业分为一间（1.82米）到一间半的长度。然后在建好的围墙上修葺墙顶。

众所周知，龙安寺的夯土墙全都是用大锅将土煮后，加入盐卤等再填充到模型里，因此十分坚固。

石庭的围墙在泛黑的墙面上显现出复杂的纹路，也被称为油墙。墙面复杂的纹路、土墙的质感与现代抽象派油画有几分相似，给人一种耳目一新的感觉。

据推测，土墙上的这些纹路是在火灾时，经过火焰和大火炙烤以后显现出来的。

但只有围墙内侧墙面上的纹路显现了出来，围墙外侧却看不到这种现象。

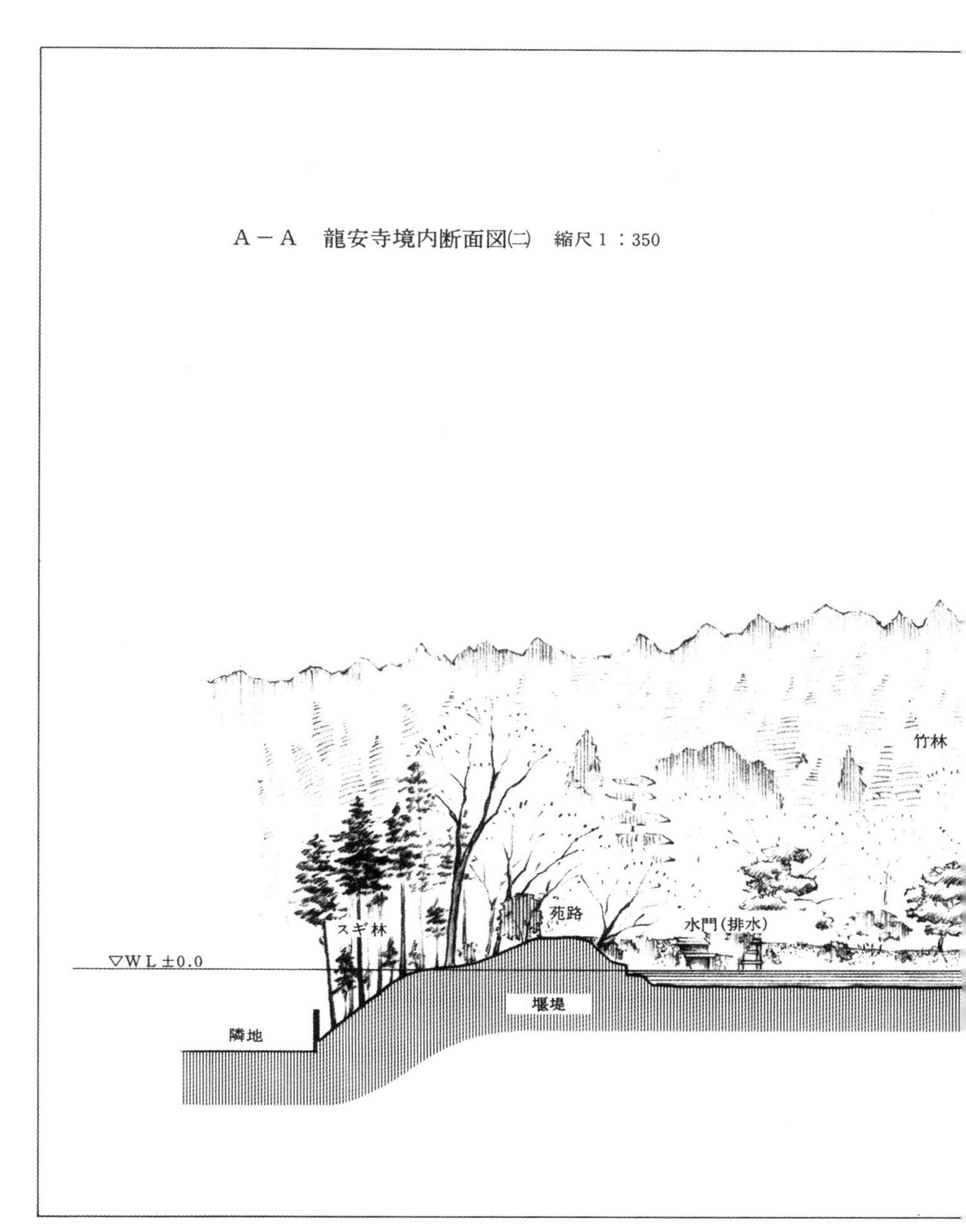

应仁之乱（1467～1477年），烧毁了细川胜元修建的龙安寺。第二次是在宽政九年（一七九七年），这次是胜元的儿子政元所修建的，在火灾中佛殿、法堂、方丈、库里均被烧毁。

大约就是在这两次火灾之时，地面高度发生了变化，墙面的纹路也是在那时显现出来的吧。

总而言之，由于火灾等偶然原因造就了这种突破常规之美，而在这种异质的空间中又摆放了石组，石庭便由此诞生了。

永远的时尚

相传，细川家族世代都非常热衷于建造园林。与细川赖之有渊源的园林有保国寺园林（爱媛县西条市）和志度寺园林（香川县志度町）等，与细川高国有渊源的园林有旧秀邻寺园林（滋贺县朽木村）和北畠神社园林（三重县美杉村）等，这些著名园林都与细川家族有着深厚渊源。

这些园林的共同之处在于，它们的池泉分布都是曲水流觞式的。『洛中洛外图』所描绘的细川家池泉园林就很好地再现了这一点。

据推测，这种曲水式的池泉园林是从辅佐将军足利义满的细川赖之时代开始的。

建立了龙安寺的细川胜元对园林也很感兴趣，洛中宫殿当中就是极尽奢华的池泉

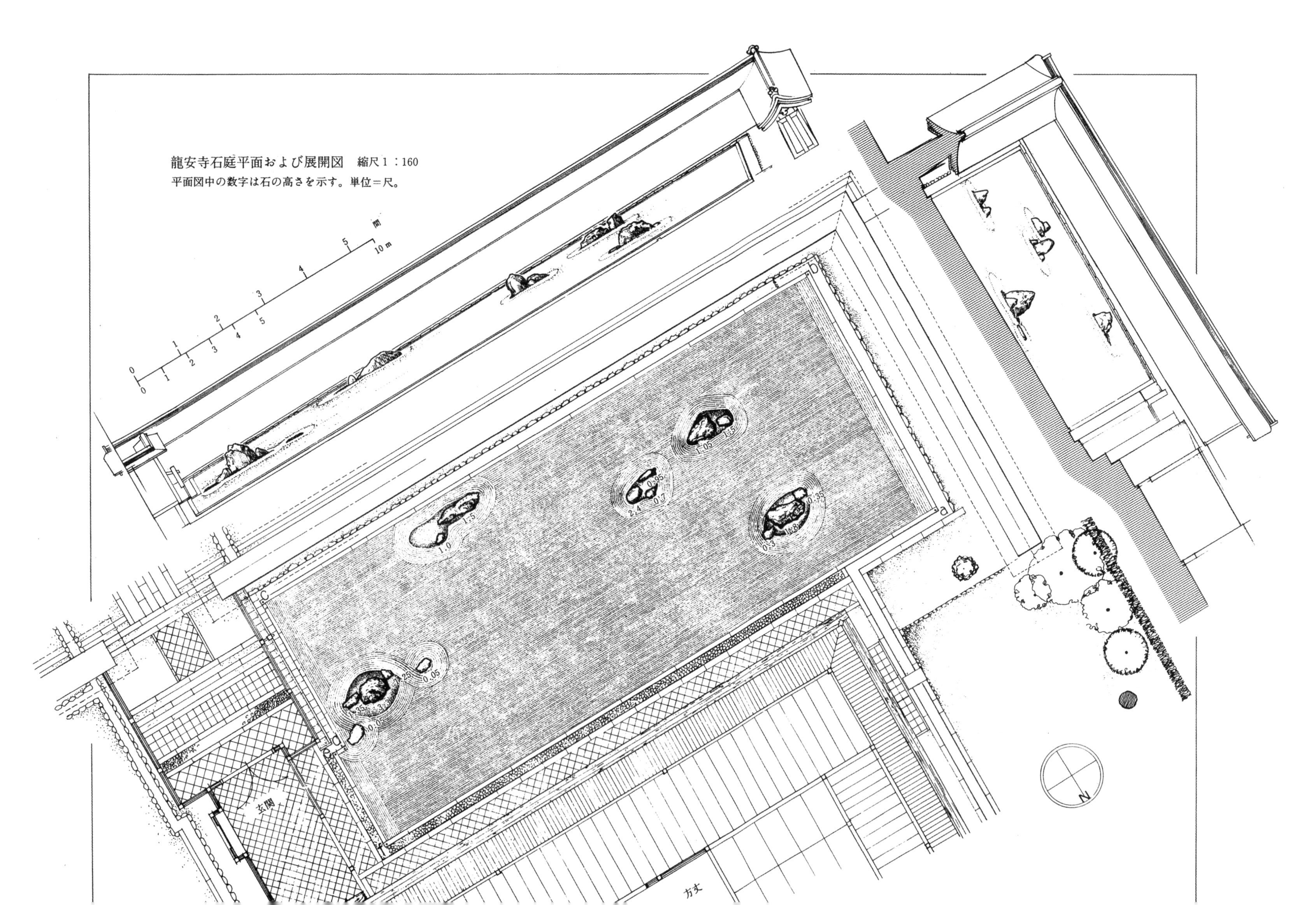

龍安寺石庭平面および展開図　縮尺1：160

平面図中の数字は石の高さを示す。単位＝尺。

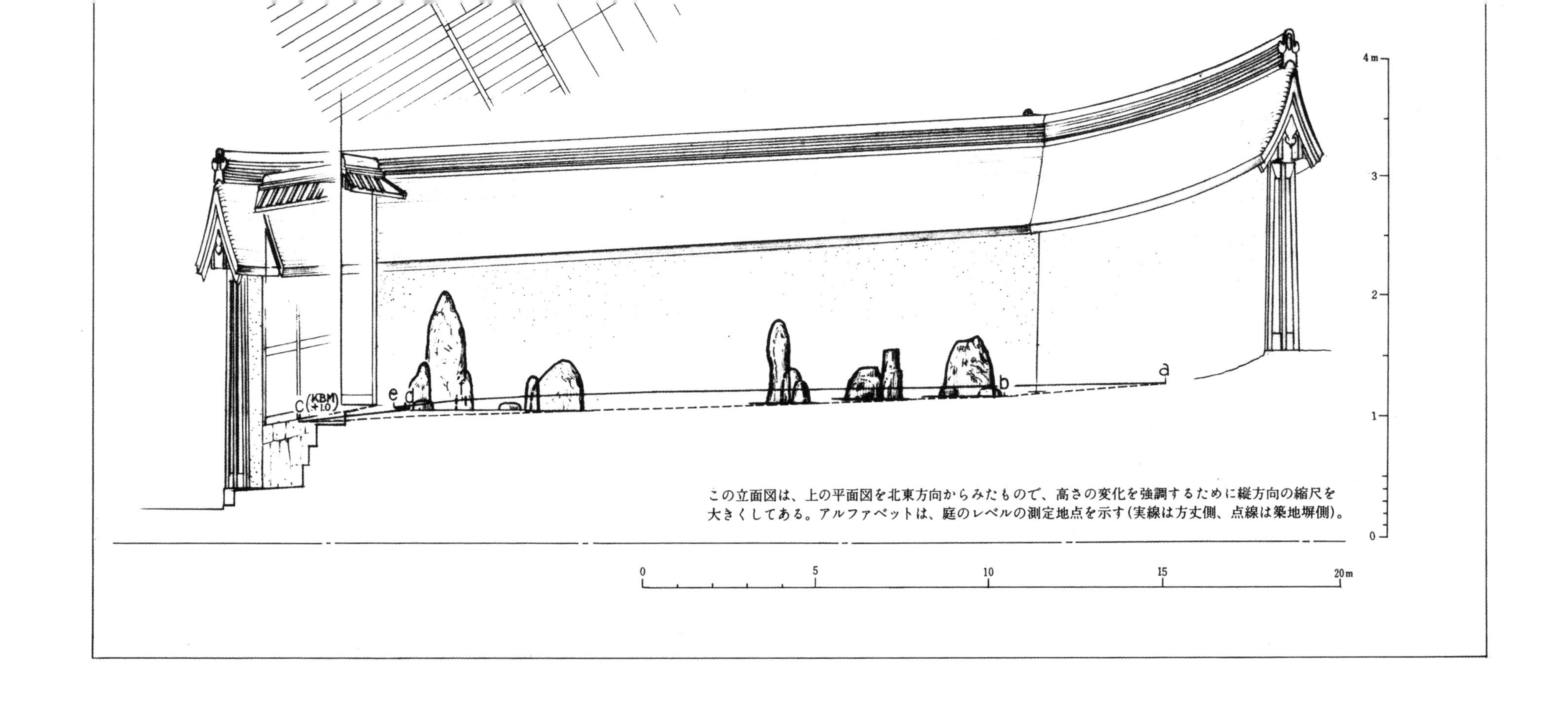

この立面図は、上の平面図を北東方向からみたもので、高さの変化を強調するために縦方向の縮尺を大きくしてある。アルファベットは、庭のレベルの測定地点を示す(実線は方丈側、点線は築地塀側)。

园林。池泉园林当中造湖架桥，修筑假山，白砂当中还有色彩艳丽的小舟。曾有人描述这座池泉园林『宛若置身于曲水流觞之境，亦真亦幻』。

应仁之乱的时候，还在池泉园林的东南角修筑了高十余丈（一丈约为三米）的眺望塔，房屋四周还挖有很深的战壕。

最终，毁于应仁之乱的龙安寺曾被移建在洛中，长享二年（一四八八年）细川政元在原址上重建了龙安寺。此外，之所以推断石庭为室町时代所建，是因为细川政元于明应八年（一四九九年）重新修建了方丈。

在修建龙安寺园林时，一改细川家一直以来曲水式园林的传统建造风格，开创了全新的造型奇特的枯山水园林，在这一变革中，细川政元参与其中也不足为怪了。没有水，没有假山，没有园林，有的只是石头和砂子构筑的园林。

在父亲细川胜元的十七回忌上，参加者有六百六十余人之多，政元虽然是丧主，但却并没有戴正式场合要求佩戴的乌帽子。正是这样的政元，才有可能命令工匠修建出石庭这样别具特色的园林。对于政元来说，他不是不戴乌帽子，而是他根本不需要乌帽子。

同样，在建造园林时，他也不需要水，不需要假山，不需要植物。即便这样，照样称得上为园林。正是如此，才诞生了龙安寺石庭这样开天辟地、崭新的园林样式。石庭可以称得上是园林中永远的时尚代表。

漂浮在大海中的群岛

石庭中的石头总数为十五块。从左向右分成五组，每组的石头数量依次是五块、两块、三块、两块、三块。

这些石头整体看来给人的第一印象是仿佛漂浮在海洋当中的群岛。但也有人说，整体表现了『老虎携子过河』（雌雄二虎领着三只小老虎过河的样子）的主题。还有人说，龙安寺石庭运用了石组的一种传统独门绝技，那便是不论从哪个角度观察，总有一块石头看不见。

再仔细观察，仿佛觉得每组石头都在从左向右移动。

白砂上平行的纹路，仿佛巨浪拍打在岩石岛礁上激起的波浪，各种海景在脑海中浮现。

一直以来枯山水都是和池泉同时出现的。在被称为二段式构造的西芳寺（苔寺）园林，以及模仿其的银阁寺园林当中都有池泉和枯山水。雪舟设计建造的常荣寺园林也是如此。

此外，独立于池泉园林的大仙院园林中，瀑布从高山万丈之处垂落而下，汇集成湍急的溪流，在那里架着石桥，大河从下面奔涌而过，注入大海。设计者将雄伟壮观的自然景象很好地再现于园林之中。此外，还加入了鹤岛、龟岛等传统园林要素。

而龙安寺的石庭则不需要这样写实的说明，只是整体象征着浩瀚的海洋。抽象而又大胆。

池泉园林和石庭

这是我第一次详细记述镜容池。龙安寺的池泉庭和石庭虽然都可以作为独立的园林欣赏，但从整体结构来看，也是一个紧密联系的整体。

游人如果去西芳寺园林的话，在慢慢观赏完黄金池的池泉园林后，登上向上关，可以在山腰处观赏雄浑壮丽的洪隐山枯山水。梦窗国师为了营造禅观的境界，建造了气势恢宏的枯瀑布。梦窗国师向来喜欢深山幽谷，尤其喜爱有瀑布的名胜古迹。而这样的爱好也直接影响了西芳寺的设计理念，从而产生了豪华的枯瀑布。

在没有水的枯山水世界中，需要用心来观察其中的水，在心中勾画山水图。水流湍急，转而成瀑，又变成旋涡，一会儿又静静地流淌，猛然之间水流又翻滚着，一落千丈。既能看到水流飞溅，又能听闻瀑布声响。而这一切都只能由每个游人自己看到。徜徉在池泉园林，心情澄澈明净，再加上以往水景在脑海中的浮现，游人心中的枯山水自然而然有了水的灵动，而这就是西芳寺园林的二段式构成方法。

而龙安寺所要构建的则不是这样的山河之景，龙安寺所要表达的是以大海为主题，汪洋无际、不可捉摸的世界。因为是海洋，所以没有草木。这一切都仅用白砂和石组岛屿来表现。就这样，被称为『石庭』的园林诞生了。

当面对石庭时，游人可以在心中勾勒出一幅大海的风景吧。而这就是石庭的主题。

悠然地观赏镜容池，以此来培养对水的丰富感受性，当面对石庭时，可以毫不犹豫地直接将白砂看作是汪洋大海，其中岛屿若隐若现，海风拂面。这便是每个人心中的大海。

隐藏着秘密的石刻

我认为以大海为主题的构想是从拥有独特风韵的周围空间产生的。要想和石庭低矮的围墙相得益彰的话，高山山峰的世界显然会使围墙的低矮显得更不自然。而大海则不争高低，可以说是最低，但又是最为宽广的世界。

因此设计者在这广阔的空间当中放置了几块石头作为岛屿，以此来营造大海的氛围。这一设计很好地证明了设计者对于美的感受力。

从左侧数第二组靠墙的石头中，有一块横石的后面刻有『小太郎、彦二郎』的字样，而彦二郎也读作清二郎。这二人或许是参加园林建造的工匠，但大海主题的石庭，这一构想是不是也出自他们呢？究竟是谁创造出了这样与众不同的美？石庭是一座谜一般的园林。

但无论如何，可以说这一刻字非常具有纪念意义，它代表了一个崭新世界的诞生。看看石庭，又将视线从方丈走廊的西侧移到了北侧，再看看眼前无边的青苔。青苔给看惯了白砂、有些发热的双眼带来一丝凉意，游人心情舒畅。

在方丈的东北角，隔着东庭有一座藏六庵的茶室。茶室前放置着一座水户光国敬献的钱形水钵，上刻有『吾唯知足』的字样。

远处是有名的龙安寺篱笆，由东庭的割竹制成菱形围墙，更加凸显了龙安寺的高雅。

（园林家）

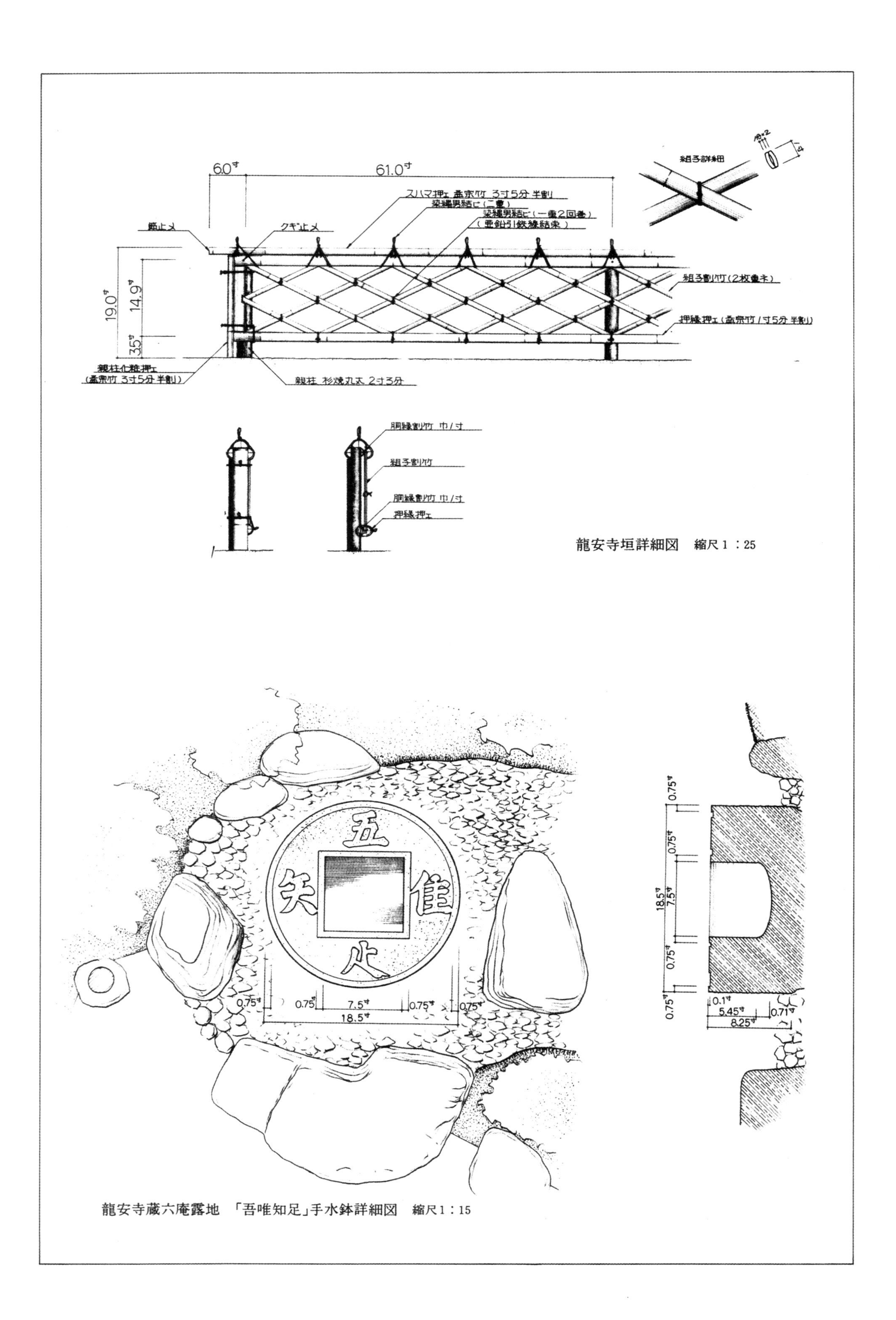

龍安寺垣詳細図　縮尺1：25

龍安寺蔵六庵露地　「吾唯知足」手水鉢詳細図　縮尺1：15

大仙院

名石的协奏曲

进入大门后，踏着铺设好的石板一路走来，便到了方丈的玄关处。一尘不染的寺院内一种禅宗修行地特有的紧张感和静寂弥漫其中。

大德寺大仙院

永正六年（一五〇九年）正法大圣国师古岳宗亘禅师开创了大德寺北派，而大德寺塔头大仙院便是其著名的本庵寺院。

穿过造型别致的玄关，沿着渡廊一直向前。右手边是石和砂组成的庭院，从亭桥白壁上的花头窗可以隐约望见园中的枯瀑布石组。室町时代枯山水的杰出代表作便隐藏其中。

大仙院玄关旁，雨后的松树。

从参道处观赏大仙院的正门。

极具室町时代特色的玄关，已被指定为国宝。

参拜者入口处的井筒。

参拜者入口处铺设的石板。

方丈东庭南边的全景。左侧是鹤岛，右侧是舟石。

模仿深山幽谷所建的枯瀑布石组和观音石、不动石。最前面的是石桥和鹤岛。

枯瀑布石组最里侧的风景。仿照瀑布从万丈高处落下，激起白色水花的景观建造而成。

有二段、三段的瀑布石组，令人联想到千仞瀑布。

位于瀑布下游三段的石桥。与周围粗犷的石组不同，这块石头非常平整，对比之下显出了其精巧。

方丈东庭南侧的鹤岛石组。与西侧的龟岛石组形成对比，表现了一种神仙思想的世界。

象征鹤尾的鹤岛尾部石组。

书院前的沉香石。相传丰臣秀吉来到大仙院时，千利休曾在石头上表演过插花技艺。

从书院观赏亭桥和沉香石。

亭桥花头窗。桥下是堰石，最前面是舟石。

以惠山石为背景的舟石。整个石头的造型仿佛来自蓬莱岛的宝舟沿着激流顺流而下的样子，是一块非常名贵的石头。

最南端的石组。最前面的是卧牛石。

书院间，该茶室别名为生茗室。

同上。园林西侧的石组，分别为龟岛和独醒石。相传千利休曾在这间屋子里给秀吉献过茶。

枯瀑布下部的石组。左边是观音石、不动石。

园林西侧的石组。左侧是龟岛脚石组。

龟岛石组。最前面是脚石组。

西侧最里面的石组。中间是独醒石。

独醒石旁边的佛盘石。

方丈东庭，欣赏枯瀑布石组和白砂水流。

离开了枯山水园林后，沿路来到了与沢庵和尚有着深远渊源的拾云轩前，再向前走便到了本堂的正面。

本堂和拾云轩

本堂是一座有代表性的禅宗塔头方丈建筑，很好地保留了建造时的样子。

站在本堂前放眼望去是由白砂做成的上有花纹的无边无际的大海。最前面是白砂沙堆，西南角只栽种有娑罗双树，营造出了无边的广阔和无限的沉寂，这样的园林非常适合冥想和思考。

方文南庭西南角的娑罗双树。让人们不禁联想到了释迦摩尼圆寂时的娑罗树林。

与沢庵和尚有着渊源的书院，被指定为国家重要文化遗产的拾云轩和中庭。

拾云轩中的壁龛，墙壁上挂着石沢庵和尚的书法作品。

从方丈观看南庭的砂堆。

国宝本堂正面和南庭的砂堆。本堂很好地保留了建造时的样子，是室町时代具有代表性的禅宗塔头方丈建筑。

回看大仙院前的参道。

大仙院的庭院　千　宗室

活着的石头　尾关　宗园

父母未生以前　宗　左近

庭园解说　大仙院　斋藤　忠一

大仙院园林　实测图　野村　勘治

大仙院的庭院

千 宗室
里千家宗师

关于大仙院的庭院，有一则有趣的故事。

那是一年夏天的事情。关白丰臣秀吉在利休居士的陪同下来到了大德寺的塔头大仙院。秀吉公随即命令利休居士献上一盆和当下时节相配的插花。沉思了片刻的利休居士这时突然看到窗外有一块平坦的石头。于是利休从寺院拿了一个唐铜的花瓶，倒了一些水在里面，随后摆放在刚才那块石头上，在里面插了一些花。见此情景，秀吉公称赞利休道『应时而变，无人能及』。

正如利休居士在『四规七则』中所写到的一样，茶席用花最重要的是『要使得插花中的花像盛开在野外的花一样』，应时而变。在大仙院充满苔藓和石块的枯山水园林中，一支两支的野花楚楚动人，含苞待放，最为应景。秀吉大概也是看准了这一点才能如此满意的吧。

像『野花』一般的茶席花并不是事先准备设计的插花，而是在拿到手的一瞬间仅凭茶人的美观感受而插入花瓶中的花。之所以这样说，是因为作为天地造化生长而成的花根本不容许创作者放入自我进去。人们试图通过人工之力将被利休称作『野花』的茶席用花所带有的自然之美重新展现，也可以说创造出第二个自然。因此，要想赋予野花以新的生命，关键要看设计者是否心灵纯净了。

众所周知，大德寺的塔头大仙院是古岳宗亘创建的北派核心寺院。古岳十分喜爱圜悟的书法作品，因此寺院中有很多圜悟的墨迹。翻看《天王寺屋会记》一书可以发现，京都等地的茶人为了一睹大仙院的书法作品，专程前来参观。利休居士在天正十六年（一五八八年）获赠了一幅圜悟的书法作品。

在古岳之后，大林宗套、江隐宗显、笑岭宗䜣、春屋宗园、古溪宗陈等名僧相继成为大仙院的院主。而利休居士则在大林当院主期间剃度，受封抛筌斋宗易的居室号。与古溪和尚更是私交甚密，被称为『三十年饱参之徒也』（《蒲庵稿》）。此外与利休居士的孙子千宗旦交往密切的清严宗渭也是大仙院的院主。

利休居士、宗旦居士都痴迷禅宗，是将茶禅一味精神发扬传承的代表人物。恐怕二人都曾频繁前往大德寺，游览大仙院，面对枯山水而坐，静静品味其中的『白露地』精神吧。

活着的石头

尾关 宗园
大德寺大仙院住持

大仙院中有一个直径一米的大型地球仪。该地球仪是美国赠送、特别订做的地球仪，球的内部有亮光，而且还能一眼看出世界各地每个国家的时间。禅寺当中放有地球仪——对于那些认为禅寺很神秘的人来说，简直就是另人感到意外惊奇的景象。在古老的建筑中，面对崭新的美国产特大地球仪，游客一定会是一副很惊讶的表情，但看到游客这样，我却有些高兴。

但并不是为了我一个人的高兴才购买了这么大的地球仪。

当看到禅寺和地球仪这两个完全没有任何关系的东西时，人的内心所产生的颤动、情绪的起伏，我想用这些心理变化来激发出一个人所潜藏的力量。游人也许不知道这是什么意思，但总之会对禅寺有一种陌生感。我想通过这样的方式让游人忘却那些游览讲解和大道理，用游客本来的感受力去了解大仙院。

关于茶圣千利休，民间流传有这样一件轶事。

相传有一次利休邀请丰臣秀吉到大仙院的茶室品茶时，利休将花插在了古铜的器皿中，然后将花瓶放在了茶室入口处的踏脚石上，最后再在上面浇了些水。

千利休的这一做法打破了在茶室壁龛中摆放插花的常识。而且从花上直接浇水这样的做法也很不符合插花流程。但千利休却这么做了。

正是千利休这样的尝试，使得鲜花有了活力，古铜也有了生气，石头也放射出了前所未有的光泽。

不墨守成规，不断推陈出新。这样一来，事物会展现出从未出现的新鲜。生气因此应运而生。虽然只是改变一下事物呈现的样子，但却会使得事物本身具有的特色得到充分展示。

大仙院的庭院也是如此。

在这座园林中，设计者用砂石表现瀑布所具有的强大生命力，人们将这一做法叫做枯山水。

设计者希望游人能用眼睛感受瀑布潭的水声，所以在旁边放置了观音石。人们推崇世上获得生命的珍贵，如果一动不动的话，就放置一块巨大的石头。

虽说要在园林中建造瀑布，但其实不引水源也完全可以。搬一些石头放在园中。在山中，连最普通的石头都会呈现不同的样子。虽说是园林，但也没有必要挖水池，建假山。

用已有知识和主观经验观赏大仙院园林，一知半解，这样是最没有意思的观赏方式。

在大仙院，可以俯下身子仔细欣赏，也可以充满活力地积极和园林对话，唯独不希望观赏者一知半解、毫不在意地观赏。

此外，还希望游览者抓住属于自己和园林的当下每一个瞬间。

玄関から敷石道を見返す

父母未生以前

宗 左近

神的磁场

日本的古代园林。

我被这样的园林所深深吸引。越是历史久远的园林，我越是喜爱。

那里仿佛突然是另外一个世界。与日常生活空间所接壤，但却与日常所断绝，是彼岸。忽然间，又非常生动具体地出现在眼前，而且，不会消失，非常坚固。但即便如此，却像是梦幻，一直在那里。

让人觉得它便是精神的化身。这样的存在，在其它地方还有吗？

如果说自然是第一次生产物的话，那么艺术便是第二次生产物。

究竟自然和艺术，哪一个孕育着生命的本源？我认为自然要更可靠一些，我也更偏爱自然。

园林是运用自然的一部分（树木、石头、砂石等）建造而成的。而且园林在试图超越自然。至少它在试图让超越自然的生命闪烁着夺目的光彩。这一点很是值得赞美。

运用文字（第二次生产物）使得超越文字的生命闪烁着夺目光彩的是诗歌。

运用乐声（第二次生产物）使得超越乐声的生命闪烁着夺目光彩的是音乐。

运用影像（第二次生产物）使得超越影像的生命闪烁着夺目光彩的是美术。

方丈南庭

相比之下，园林的原材料只有自然（第一次生产物）。而且它的目的就在于超越自然。因此，闪耀着夺目光彩的事物便是超自然，也就是神。

园林近似于宗教的场所。

原本，在日本上古时代，园林就是一个共同体的广场。召集这个地区的社会成员，在这里举行与神灵交汇对话的祭祀仪式，也就是神的磁场。

上古时代的神灵被从公共的园林驱逐出来，大概是因为佛教的引进。但神灵并没有完全被抛弃，人们为它准备了别的场所，那便是非公共的私有的园林。

但在私有园林中，上古时代的神灵能安心居住吗？

我对此深表怀疑。

至少一直到室町时代，在非公共的园林中几乎感觉不到上古时代神灵的气息。人们并没有发现可以让神灵依附之物。

但在这里还残存有神的磁场的痕迹。但这里的神灵已不是上古时代的神灵，而是别的神灵。

最为清楚地证明这一点的便是大仙院园林。

绝对无的庭院

我们所说的『大仙院园林』是指方丈东庭，也就是本堂旁边呈形，如同钥匙般的园林。人们还将其称为『枯山水』。

庭院前的长廊上总是挤满了前来参观的游客。庭院深处『蓬莱山』一带长满了山茶等长青树木，郁郁葱葱。每次来到这里，我都会有感于这里拥挤的人群和繁茂的树木。但无论如何我都觉得这样的景色没有太多韵味。

古岳宗亘像

我想原本这座园林就不是为了滋养鲜活的生命而建的。或者说它最初是为了防御人和树木而修建的。因为它被称为『枯山水』。

我想一定是在后世传承过程中这座园林发生了巨大的变化。

关于这座园林的作者，世间流传有三种说法。

第一种观点认为园林的创造者就是大仙院的创立者——大圣国师古岳宗亘本人。

第二种观点认为相阿弥奉将军足利义值之命建造了大仙院园林。

第三种观点认为是山水河原者——被后世称为园林师的园林工匠修建了大仙院园林。

这三种观点究竟哪一种正确，我也无法判断。

但我认为没有必要将园林建造者归结为一人。我想可以这么看待这个问题，古岳宗亘提出了建造园林的想法，相阿弥对整个建造过程进行了监管，现场的建造者为山水河原者（数人）。

此外，大仙院园林的建造时间大约是在应仁之乱（1467～1477年）之后的不久，前后历经两三次，园林终于建造完成。

园林专家久亘秀治曾对我说过这样一段非常有趣的故事。

在古岳宗恒死后的第三年，天文二十年（一五五一年）时，他的弟子庐雪鹰灞为师父撰写了《古岳大和尚道行记》一文。其中有这样的记载：

『端居丈室，近傍者少。禅余栽珍树，移怪石。以作山水趣者，犹如灵山和尚。所为先圣后圣一揆耳。』

这里所说的先圣是指灵山和尚，也就是彻翁义亨，相传德禅寺园林便是他修建的。相传德禅寺园林，在池中筑山，在山上建阁，又让小舟在池塘中来来往往。

西への流れ全景

那么建造者为何要修建如此雄伟宏大的园林呢？或许是为了融入自然，参透天命神意吧。为了遨游于自然之中，感受其中的法则吧。也就是为了游玩。从这一点看来，很有平安时代的余韵。在那个时代有非常重要的一点，那便是完全没有上古时代神的气息存在。那么上古时代的神被安放在哪里了呢？当然是在神社，在神社的园林里。如果是这样的话，那寺院的园林中，取代神出现的是什么呢？从室町时代的禅宗看来，是超自然。而且，其中完全不带有人格特性，也不裁断任何事情。更像是宗教出现之前的事物，没有人的色彩。用后世的话语说来便是，绝对的无。

室町时代的禅僧从中国的禅中学到了这一理念思想。而且从中国的绘画，特别是宋、明时代的水墨山水画中学到了这一理念的具体表现形式。

但室町时代的禅僧并不止步于此，他们对此更进一步。他们用树、石、砂来表现这一理念。由此禅寺园林便应运而生了，即枯山水。

也许它的原型在中国。但那里只是初步萌发的地方，真正开花繁荣的地方在室町文化中。可以说枯山水是日本人的独创。

另一种自然的造型

大仙院方丈东庭带有水墨山水画的气质，与水墨画有几分相似之处。石头高耸突兀，仿佛与云彩相接，远近相互呼应，巍峨秀美、豪壮，仿佛远离人间而去的深山。

但又和绘画有很大区别。而且也不仅仅是水墨画的立体版。

狩野之信筆「四季耕作図」(模写)

无论如何，这都是石头组成的具体构成物。石头和石头之间是相连的。但又不仅仅是综合体，甚至没有有机化联系的痕迹。倒是有些相互排斥，乖离在其中。不是面对面的，而是尽量分散开来。虽然如此，但又不是相互孤立的。有几分偶然间任凭设计者随意摆放的意味。

相互分离，但又不凌乱。

随意，但又不放纵。

并非没有将作品统一起来的原理存在。但这一原理并非出自人工之手。不是人工的原理，超越人工的原理，也就是自然之理。

但这样说来也不完全正确。不是原理存在于先。原理是看不见的。倒不如说是为了找寻原理，所以在这里，在那里放置了大大小小各种各样的石头。也就是说模索运动的过程是作品本身。中途的产物是作品。作品并非结果。

相反，原理是结果。如果在作品现场能够感觉到自然之理的话，那便是结果。而且，一旦离开作品现场，也就是来到现场之外的话，便无法感知这一原理。自然之理无法用语言表达。而且，也不是用绘画表现的图像。它只能通过园林这另一种自然的造型来表现。我认为这至少是园林家的一条信念，觉悟。

这一自然之理是宗教以前的存在之理，原理。换言之，这里没有上古时代的神参与其中。而且，与佛教也无缘。设计者在力图求索这一原理，也就是在建造枯山水园林时，禅宗站在了宗教的本源位置。

人在哪里

水墨山水画是古典的。枯山水园林是前卫的。

西への流れ石組

因此，不言而喻，前者与古典音乐的乐谱相似。而后者则像前卫音乐的乐谱。充满了自由和偶然。

法国思想家罗兰·巴尔特曾在日本文化论著述《表征的帝国》一书中，在龙安寺石庭照片旁写过这样一段文字：

『没有花，没有树木。

人在哪里呢？

在岩石的搬运和白砂的清扫痕迹中。

换言之，在表现体中。』

这一表述很符合人类中心主义的西欧人观点。表现体，也就是文体，是人类表现的方式。在石庭当中都要追索人类的踪迹，可谓过于强调因果，或是过于冰冷无情。

原本石庭不是人类无化的场所吗？

人类在哪里？

罗兰·巴尔特的说法在此行不通。

『岩石的搬运』。在那里没有法则。无法追寻人类理性计划的痕迹。这样太过复杂。

『白砂清扫的痕迹』。乍看来好似很有道理。但在那里又看不到人为的痕迹。有的只是自发而为。人们只能感受到水流过的痕迹。

总而言之，『岩石的搬运』『白砂的清扫痕迹』中都没有人类的存在。

但真的没有人类存在吗？

如果非要找寻的话，也不能说完全没有。

在哪里呢？

如果要将这座园林看做是一场梦的话，那便在梦里。

即便如此，这个梦也有些过于冰冷。

缥缈，荒凉。

总之，有些『冰冷寂寞』。

也许连接千利休到芭蕉的美学源流便存在于此。

二重梦

梦。

不用等待荣格的意见，梦是一个民族二百万年、三百万年生命体验的积淀，最终这些积淀穿破意识层面，开始运作表现。亦或是人类从阿米巴时到现在的历史轨迹一下子迸发了出来。

但是，人类同样拥有溯源而上，追寻梦的起点的愿望。也就是『父母未生以前的样子』。

大仙院方丈东庭便是一个梦。与此同时，它不同样也是一个追溯梦的起点的结果吗？如果这是一个梦的话，就是另外一个梦。

总而言之，这个园林便是一个二重的梦。

因此，作为父母既生以后存在的我们来说，当然会受到一定冲击。会感受到一种突然之间破裂的痛苦。而且，这种痛苦从一开始便是干枯的。

这个二重的梦等于园林，一点都不丰满，不柔然，不温柔，不圆润，没有肉。

换言之，只有骨骼，梦的骨骼，骨骼的梦。

这是多么悲伤而又严酷的事情啊。

南への流れ南端からの景観

而且，这个二重的梦等于园林，有一双眼睛。只要站在它面前，任何人都有一种被凝视的感觉。所以，人们会感到不安。

但这双眼睛在哪里。

它在任何地方。在所有地方。

它从任何地方观察着我们。而且会穿透我们，直到后背的另一方。

那时我们所感受到的将是一种形而上的感觉。

我们会在突然到访的不安当中知晓背后所感觉的便是『无』。但我们却不知二重的梦等于园林的眼睛已经到达了这个地方。

偏好华丽

这座园林并非完全舍弃了无用之物。在这一点上，它和龙安寺的石庭恰好相反。亦或说，大仙院园林正是由许多看似无用之物组成的。并非神经质，而是没有章法。并非封闭，而是开放。

因此，它并不拒绝异质事物的混入。

例如，被称为『蓬莱山』一带的山茶和其他长青树等，连接前景和中景的桥石，将园林隔断的木造力亭桥。

我在想，或许这些景观在最初的大仙院园林中并不存在。也许它们是后世的闯入者，是一些多余之物。多亏了这些多余之物，整个园林才显得这样杂然。才会让我们有一丝不快。

尽管如此，大仙院园林却很平静。

原本大仙院园林不就是要被修建成如此豁达、开放的园林吗？

石橋下の流れと石組

在这仅有三十坪的园林中摆放有各式各样的石头，置身其中，却毫无拥挤的感觉。

杂俗并存的园林建造者的内心可谓伟大。这一点我很是敬佩。

花不是为了人类而生存的，它和人类没有关系。花为了吸引风和虫子而暴露自己。并非为人类而绽放。

园中的石头也同样。它们不是为了人类而存在的，它们和人类无关。园中的石头为了吸引风和光而展现自己，并非为人类存在。

这座园林的石头是坚硬的花。

正是通过这一点，人类的艺术才有可能超越它本身。

由衷地感叹园林设计者的高明。

这座园林中众多的石头每一块都是自然本身，给人感觉它们便是自然的一部分，完全没有人工的痕迹。而且，姿态还多种多样，充满了动感。可以说它们包含着自然的精华。而且，毫无柔软、脆弱之处。但也不笨拙。像钢琴的黑键一般，坚强有力。

据园林专家久恒秀治氏说，这些石头属于『青石』『勋章中的金牌』，极尽奢华。我对于石头研究不多，因此还没能觉察到这些。但我能感觉到大仙院园林中的石头毫无残酷、阴郁之感。

但即便如此，我仍旧不太明白『偏好华丽』的石头究竟是怎样一种风韵。原本石头是实实在在的物体。它们并不是多姿多彩的。石头也并非阳，而是阴。那么，『偏好华丽』的石头或许是幽玄的石头吧。这样说来，我似乎有些明白。

除此之外，久恒氏还这样写到：

『这座园林是一种形式美，对石头的表面过度关注，像太过漂亮的美人，是

舟石

観音石(右)と不動石(左)

一种世俗之美。』

久恒氏的意思或许是，大仙院园林太过于遵从当时室町时代的园林美观念，太过于追随当时水墨山水画占典型的流行趋势。

但幸运的是，室町时代的园林留存至今的并不多。大多应该只保留了一些平面地图。对此我知之甚少。因此，我也不认为大仙院园林是『形式美』或是『世俗美』。

如果抛开历史不谈，突然间将大仙院园林置于当今社会，或许它便是一种反形式美，反世俗美了吧。

或许，在久恒氏的头脑当中还深深刻有相传梦窗国师创作的西芳寺石组。那些石组可谓真正自然的石头的组合，相互连接，又超越连接，成为漫无边际的运动体。西芳寺石组才是真正意义上的无视形式的存在，与世俗无缘。令人联想到地球初创的时代。可谓跨越时空的杰作。

与此相对，大仙院方丈东庭则更有水墨山水画的特点，令人感慨它不愧是室町文化的产物。毫无在造型上破格突破之处。

但这样也是它的缺点吗？

将西芳寺的石组和大仙院方丈东庭相比，就好像将波西的画与达芬奇的画做比较，这样的比较有些相似之处。

如同废墟

这座园林中的石头毫无荒凉之感，也没有丝毫无趣，相反有着淡淡的亲近之感。

拾雲軒から中庭を見る

人类终究有一种倾向，总想将离自己远去的东西划入自己的领域。

人类给花草起名字。又给园中的石头命名。

小龟石、独醒石、不动石、观音石、达摩石、明镜石、虎头石、白云石等。

人类仿佛无论如何都想将石头变作自己爱抚的对象。

而且，人类好像还喜欢将自然纳入自己的故事当中。

人们将园林深处树木繁茂的一带称作蓬莱山。将在那前面不远处，叠放两三块石板的地方称为瀑布。再向前，下面铺有砂砾，那便是河川，也可以看作是大海，人们还将摆放其中的石头看作海中的小岛。

但对于这一切的命名和故事化，我觉得都是多余的，甚至是一种麻烦。

原本这座园林不就是与人类隔绝的世界吗？不是一个令人敬畏的梦吗？

将随意的爱寄托于此无疑是一种亵渎。

园林是与人类居所相连接的他界。

在日本的上古时代，那里曾有神灵出现。那里有为了让神灵降临的大树、岩石等存在。

佛教传入日本后，园林中的神灵便消失了。园林变成了空壳。

因此，不久之后这个空壳被重现填满了。被什么填满了呢？被神灵存在的世界等于他界的造型。只是，在这个他界中还会不会有神灵回来？对于这个问题也只能彻底放弃了。正是因为这个放弃，人们才会对他界的造型更加精益求精。

所有的园林因此都如同废墟一般，成为了不知是否真实存在的天国中的记忆、愿望。

没有悲剧的园林不是真正意义的园林。

至少这是室町时代园林的一大特点。

和暦	西暦	大仙院庭園関連年表
正和四	一三一五	大燈国師宗峰妙超、紫野に庵を結び、大徳寺と号す。
永正六	一五〇九	大聖国師古岳宗亘、大徳寺塔頭大仙院を創建する。
一〇	一三	二月、大仙院方丈上棟。方丈の庭は古岳の指揮によりこの時作庭されたと考えられる。
大永五	二五	十月、相阿弥没。
享禄三	三〇	鷲尾隆康が、今宮社参詣の帰路に大仙院を訪れ、同著『二水記』五月十四日の条に「近比見事也」と記す。このことから、享禄三年には既に庭が成立していたことが確認される。
天文二〇	五一	驢雪鷹灞、三年前に没した師古岳のために撰した「古岳大和尚道行記」で「禅余に珍樹を栽え、怪石を移し、以て山水の趣を作(な)す者、猶霊山和尚の如く、所謂先聖後聖揆を一にするのみ」と古岳作庭の大仙院の庭について記した。
天正元	七三	織田信長、二条城を包囲する。室町将軍家臣三淵藤英、翌年大津の坂本城に逃れ、戦死。この頃、三淵家の相阿弥作庭の庭が、信長の名石狩りを逃れて大仙院に移築されたともいい、方丈東庭はこの時、古岳作庭の部分とあわせて現在の形になったと思われる。
一七	八九	十二月、千利休、大徳寺三門上層を造営。仏像とともに自らを写した木像を安置する。
一九	九一	二月、大徳寺三門の利休木像が豊臣秀吉の怒りにふれ、利休、切腹。
慶長一九	一六一四	八月、沢庵和尚、大仙院に拾雲軒を築造する。
元和元	一五	この頃、[カ]亭橋が沢庵和尚により築造されたと考えられる。
寛永六	二九	七月、沢庵和尚、大徳寺出世法度問題で幕府に抗議し、奥州上山に流される(紫衣事件)。
九	三二	七月、沢庵和尚、赦免される。寛永十三年、大徳寺に帰る。
元禄一四	一七〇一	久須見疎安、藤村庸軒が千宗旦の茶話を聞き書きした『茶話指月集』を編纂する。このなかに、大仙院を訪れた秀吉を迎えた利休について、「太閤、夏のころ、大仙院に御成のとき、宗易(利休)に花つこうまつれと仰せらる。さいわい窓前に上たいらかなる石を、こだかくすえたるあり。その上にかねの花入のおもしろきに、水うちそそぎて花生けたり。時にとつての風流、一しおに覚しめ候」と記されている。「上たいらかなる石」は方丈東庭南への流れに据えられた沈香石を指すと考えられる。
享保一四	二九	五月、近衛予楽院、山科道安に「大徳寺中にも相阿弥の作庭あり。今日の立場よりするに合点の行かぬ処多けれど、種々の方あるものなり」と大仙院の庭について語る。
明治元	一八六八	この頃から、全国に廃仏棄釈運動がおこり、大徳寺塔頭の多くが破却される。大仙院も被害を受ける。
三八	一九〇五	この頃、[カ]亭橋が取り払われる。
昭和三六	六一	松平楽翁の起こし絵図をもとに、明治以来失われていた[カ]亭橋が文化庁により復元される。
四九	七四	茶席[カ]亭が築造される。

究竟是何意义？

人们想从大仙院方丈东庭的任意一块石头、任意一棵树中找寻意义。总想将这一切拟人化。

还想破解一切表征、记号。

这座园林除了是神不存在的宇宙的具体抽象以外其他什么都不是。

人们战战兢兢地驻足在它的面前。

每当从大仙院园林前离开的时候，我都会想起苏佩维埃尔的四行诗《遭难》。

在近旁摆开桌子，在对面放上烛台。

在这焦躁的空气当中，他们将无法靠近。

而且 直到地平线处无人的海边。

海中一个男子高举双手，大声呼喊着『救命』。

回应的只有刚才的回声。『这究竟是怎么一回事？』

这座园林的石头和树木便处于这样一种焦躁的氛围中，让人无法靠近。而且还在无人的他界。不知从哪里传来男人的呼声『救命』。不久，叫声的回声便变换了语言回答道『那究竟是什么意思』。

即便谁喊救命，应该也只会从院子深处传来回声，只不过不是刚才的话语。变成了人的求救声是不会传递的，类似

古岳宗亘の墓

于这样的话语。

这或许就是禅的精神。

如果是这样的话，那便是让《遭难》中的人类喝下大海苦水的精神。

这座园林果然很残酷。

在这座园林中没有四季。也没有时间。

但却有历史出现之前的历史。

这座园林中的白砂不是为了模仿水流的样子，而是记忆之前的吸收太阳和月亮光芒的过滤器。

夜里，吸收的光会在砂子下闪耀，发光。然后，这些光又忽然间变成了星星的闪烁。

谁会看到这一切。

看到砂子的星星闪烁的，除了夜空中的星星，也没有其他了。

（诗人）

庭园解说

大仙院

斋藤忠一

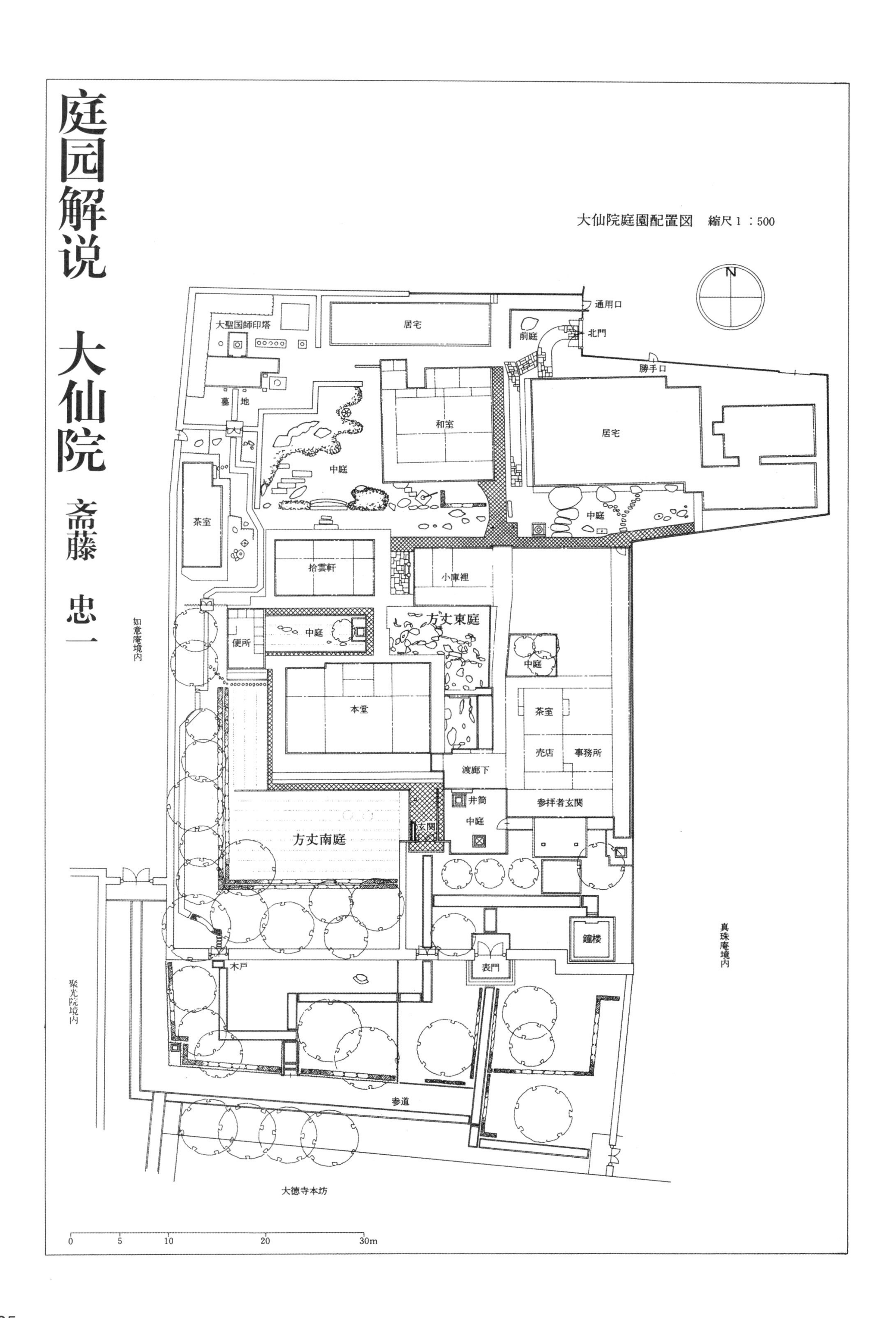

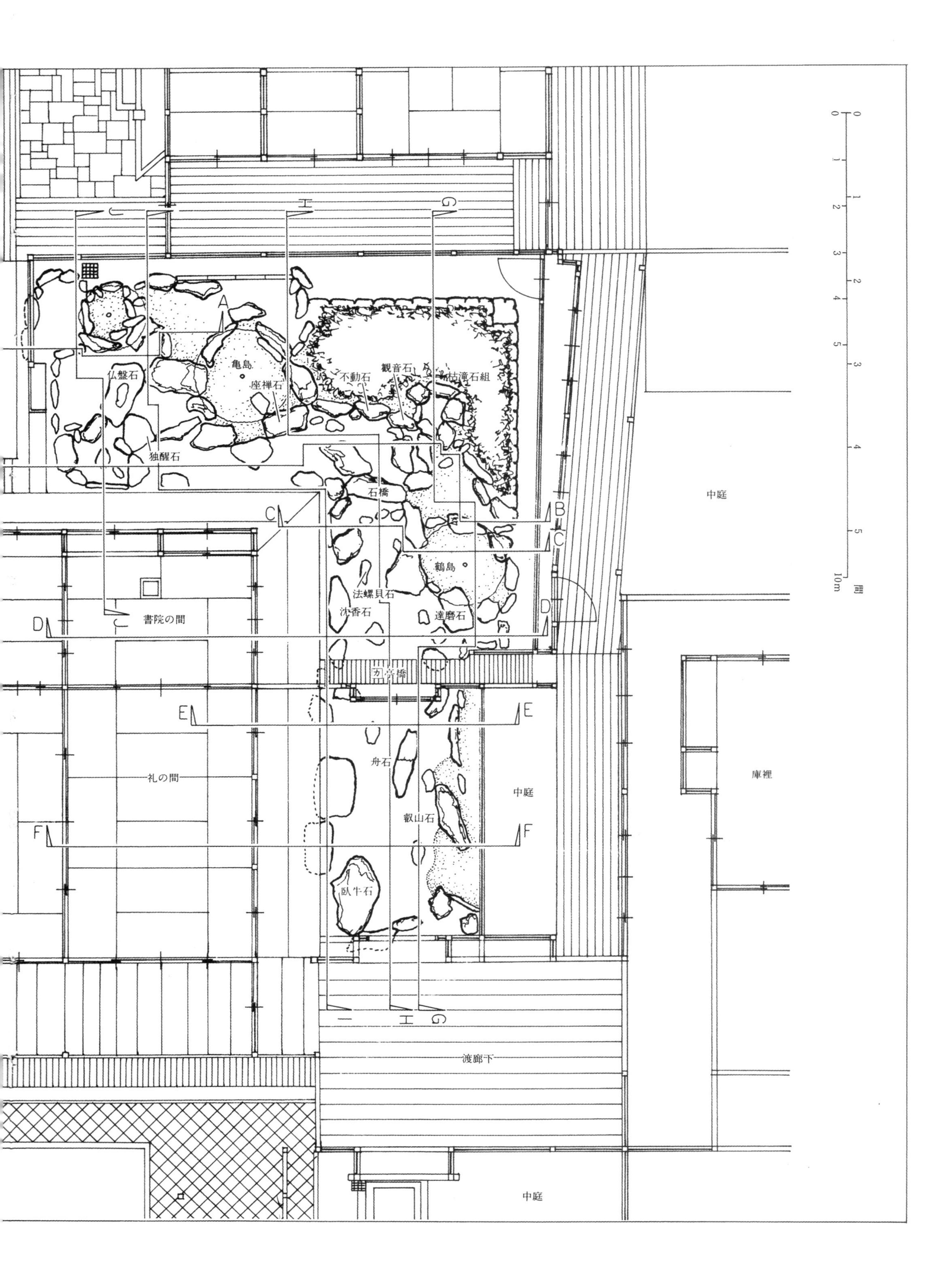

亀島
仏盤石
座禅石
不動石
観音石
枯滝石組
独醒石
石橋
鶴島
法螺貝石
沈香石
達磨石
書院の間
亭橋
礼の間
舟石
中庭
叡山石
臥牛石
渡廊下
庫裡
中庭
中庭
10m

禅的空间

大德寺本坊的西侧被土墙围着，一直延伸到北边。两侧是土墙围起来的参道。本坊土墙一直延伸到东侧的拐角处。拐弯过去豁然开朗，空间广阔，这便是大仙院门前庭。大仙院之所以被称为大德寺北派，是因为在本坊北侧的这片空地上古岳宗亘创建了这个小寺。

沿围墙向东拐，沿着御影石铺就的道路继续向前。石板的周围铺满了砂砾。道路被打扫得非常干净，甚至连一片落下的松叶都没有。不只是参道非常干净，就连参道北侧低矮的篱笆中的空间都被打扫得一尘不染。

沿土墙一路向前，迎面是柏树皮屋顶的山门。这是真珠庵的山门，青苔之中，造型别致的古松漏出了枝丫。

从古松前向北转便来到了大仙院的山门处。山门前干净整洁，令人心旷神怡。将生死看做头等大事的禅宗中，虽然主张只管打座，但也非常重视日常功课。打扫卫生便是其中很重要的一项工作。

每日认真打扫卫生，将周围环境打扫成清净界。如果每天都能清扫得一尘不染，那么有一天不打扫便能立刻看出来。如果三四天不打扫的话，不到一周便会很明显。这样的环境容不得一丝懈怠。

通过这样每天兢兢业业地打扫，从而产生一种紧张之美。这就是诞生于禅宗时期的美丽空间。

这也就是为什么人们会在禅寺的建筑物、园林，甚至四周的山中都能感受到一种风吹过后玲珑世界的神清气爽之美。

悠久的大河

进入山门之后，眼前出现了气派的唐破风式库里玄关，游客被自然而然地吸引了进去。

从库里到方丈的渡廊右手边可以看到小型的枯山水，游人不禁驻足观看。

正面是白色的墙壁，上面装饰有火焰型花窗。火焰型花窗前的石头乍看呈『V』字形。右侧为山岳形的立石，近前走廊附近左右各

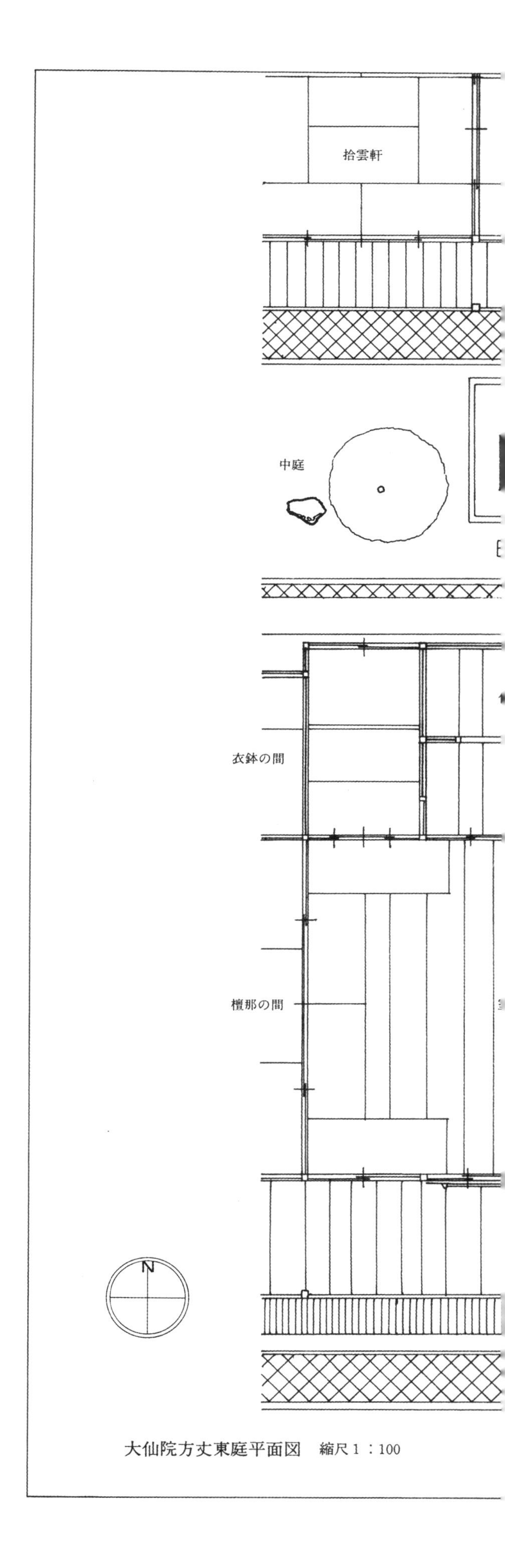

大仙院方丈東庭平面図　縮尺1：100

放置一块石头。

仔细观察，呈『V』字形的石头为舟石。山岳形石头仿佛河川边的岬石一般。如同在被流水冲击而成的悬崖峭壁处看到突然出现的小船一般，这样的情景如同小船顺流而下一样。小船在激流中有些倾斜，仿佛要被流水吞噬般，努力与巨浪搏斗着。

这便是大河的风景。眼前的石头便是点缀在大河近景中的岩石山吧。

通过打开的火焰型花窗，可以看到窗户中大小两块石头像相互倚靠着一般摆放在了一起。

穿过走廊坐在方丈东侧的外走廊上看风景。这样便能从西侧观察刚才看到的枯山水了，不禁再次感叹舟石造型的独特。小船向前倾斜着，翻滚于激流之中，顺流而下。对岸便是笔直的峭壁。

坐在后面的礼间看风景。在这里只能看到小船的最前端，依稀能看到对面岩石。仿佛我们坐在逆流而上的小船中观看顺流而下的小船一般。真可谓悠久的大河之景。

深山幽谷

再次站在走廊处远眺顺流而下的小船，一步、两步，边向北走边看，感觉船速越来越快，隔着一定距离看到的小船愈发美丽。目送小船离去，行至装饰有火焰型花窗的墙壁处，景色突变。漫步于长廊中看到的枯山水，如同在狭小空间中的石头仿佛快要溢出一般。因为地面变高，所以这种感觉愈发强烈。

从火焰型花窗看到的大小两块石头是整个风景的中心。比站在走廊处的自己还要高的石头高约2.3米，稳如泰山，但仿佛伸手便能够到。青石上凹凸不平，纹理甚多，长时间以来被流水冲刷着，只剩下了坚硬的内核。被流水打磨过后石头上纹理倾斜的样子有着一种说不出的雄壮之美。人们将这块石头称做不动石。

不动石右侧的石头高约1.7米。这也是一块青石，洗刷较少，可以看到石头的纹理，是一块板状石，名为观音石。

在这两块石头前面是青石搭成的石桥。桥石很薄，显得非常轻巧。

在这两块大石头的右后方是一块带些白色石英的较小石头，后面则是一块中间有竖纹的石头。这块石头完全没有棱角，整体圆润，微微有些倾斜。石头后面，则是像给石组镶边一样的山茶草丛。

有纹路的石头为瀑布石，是整个园林的中心。石英石也像瀑布石一样，和瀑布石成为一体，构成一幅瀑布从万丈高处飞流而下的景观。

观音石右侧的底部是两块石头组成的石组，成为二段、三段的瀑布。二段石头是有着竖纹的一块怪石，给人一种溪流通过狭窄的峡谷顺流而下的感觉。三段石则低矮开阔，成为堰堤似的瀑布。

最里面的龙添石上有很深的纹路，棱角分明，仿佛陡峭岩壁，给人一种千仞瀑布的感觉。

流过三段瀑布的激流在不动石前出现，这里的石头成为水分石，水流分别向西、南流去。

向南流去的溪水经过石桥，冲刷着桥下的岩床。对岸是陡峭的石壁，水流不一会儿流向了亭桥下的堰堤处。

向西的流水流向桥墩处后便向北流去，绕过石头向南流，又奔向了西方。

这是水墨山水画的世界。瀑布从深山万丈落下，激流沿峭壁流下，瀑布又穿过山谷，中途分为两股，沿岸是石壁，山脉绵延不断，溪流也汇聚成了大河奔腾向远方。置身于园林之中我们仿佛看到了大自然深山幽谷的景色，宛如一幅水墨山水画。

禅观之境

凝视瀑布一带会令人联想到水墨山水画中描绘的观瀑图。而观赏桥附近则会让人想起虎溪三笑图。不论哪一幅画，都是禅僧喜爱的题材。

禅僧最理想的修炼场所是深山幽谷大

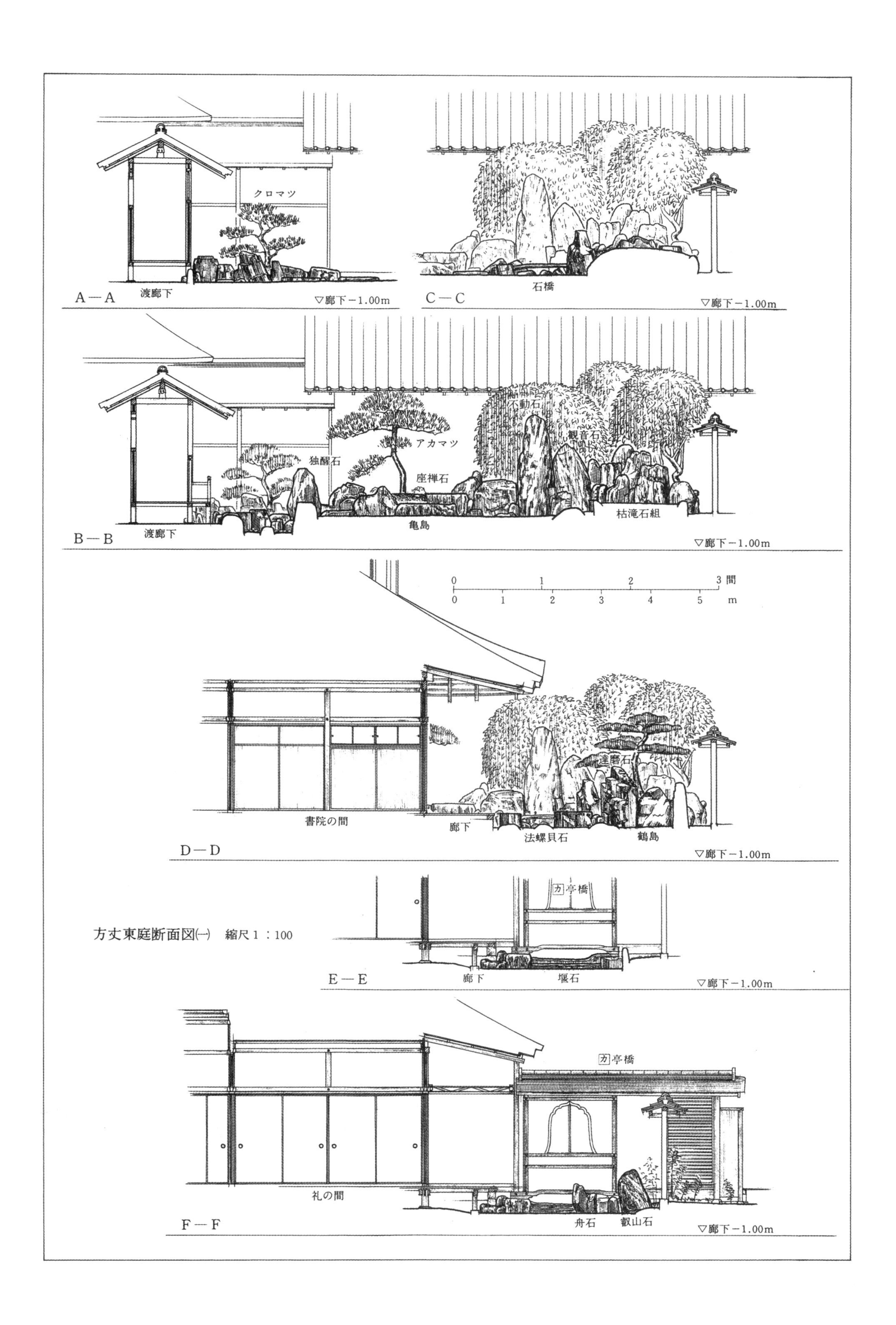
クロマツ
A—A
渡廊下
▽廊下−1.00m
石橋
C—C
▽廊下−1.00m
不動石
観音石
アカマツ
独醒石
座禅石
亀島
枯滝石組
B—B
渡廊下
▽廊下−1.00m
0
1
2
3 間
0
1
2
3
4
5
m
達磨石
書院の間
廊下
法螺貝石
鶴島
D—D
▽廊下−1.00m
カ 亭橋
方丈東庭断面図㈠　縮尺1：100
E—E
廊下
堰石
▽廊下−1.00m
カ 亭橋
礼の間
F—F
舟石
叡山石
▽廊下−1.00m

自然之中。也有迫不得已在喧嚣市井中修炼的时候。那时，禅僧会还原理想境界中的深山幽谷。这也就是禅宗需要水墨山水画的首要理由了。

大仙院方丈当中有相传为相阿弥所作的水墨山水壁画。这样便再现了适合禅僧修行的自然环境。所谓禅观之境的水墨山水画。

将作为禅观之境的水墨山水画运用到园林中的产物便是大仙院的枯山水。因此，设计者在屋檐下摆放了许多高得快要令人感到压抑的立石。因为让人完全沉浸在深山幽谷的世界中是建造这座园林的目的。

在传统建园理论中，紧挨着屋檐摆放巨石是一大禁忌。但能够不拘泥于古法，毅然摆放巨石，或许是因为设计者对于禅观之境的强烈欲望吧。

精心设计的园林

我试图以欣赏描绘大自然风景的水墨山水画似的态度来欣赏大仙院园林，但仔细观察石组便会发现，书院东侧种植有五叶松的地方摆放有鹤岛石组，北侧不动石的左侧则是龟岛石组。这样看来，设计者果然将鹤龟蓬莱作为园林的副主题融入了园林建造中。此外，现在园林之中有十块石头都有名字。

端坐在书院中，书院北侧铺有整齐的榻榻米，庭院被挡住了，几乎什么都看不到，坐在那里能感觉到的只是园林的宽广。园林浮现在眼前，能清楚地看到流水似的砂纹。

在如此狭小的空间中竟然能让人感到地面空间如此之大，这在别处也是绝无仅有的。这一切都因为设计者将地面抬高了很多。地面与走廊的高度只有35厘米。一般来说，脱鞋石到走廊的标准高度为33厘米，设计者将地面抬高到了甚至不需要脱鞋石的高度。

正是因为将地面抬高的缘故，才能在这样狭小的空间中放置这么多石头，而且置身其中不觉拥挤，还让人感觉像一幅山水画般优美。从书院向外观赏地面有一种流动之美。做到这一点便需要将地面抬到这样的高度。

设计者巧妙地利用亭桥，在那里设置堰堤作为抬高地面的堤，在走廊下放置御影的竿石固定土地。通过这样的做法，从书院当中观赏枯山水也能成为一幅漂亮的山水画。而被柱间、障子间挡住的风景，恰好使得整个园林成为了一幅障壁画。

从渡廊透过火焰型花窗看到的不动石和观音石也是如此，设计者充分考虑了游览者视线位置和高低所造成的欣赏效果的变化。

此外，园中所使用的石头也很耐人寻味，设计者特意对石头的大小、材质、远近感进行了精心安排，从中可以感受到设计者丰富的创作能力。

大仙院整座园林为三十坪。但设计者在这样的空间中却建造了如同大自然般壮丽的景观，内容非常丰富。这座园林虽然面积小，又是枯山水，但却展示出了不亚于池泉园林的雄壮景观。为以后枯山水园林的发展奠定了基础。

（园林家）

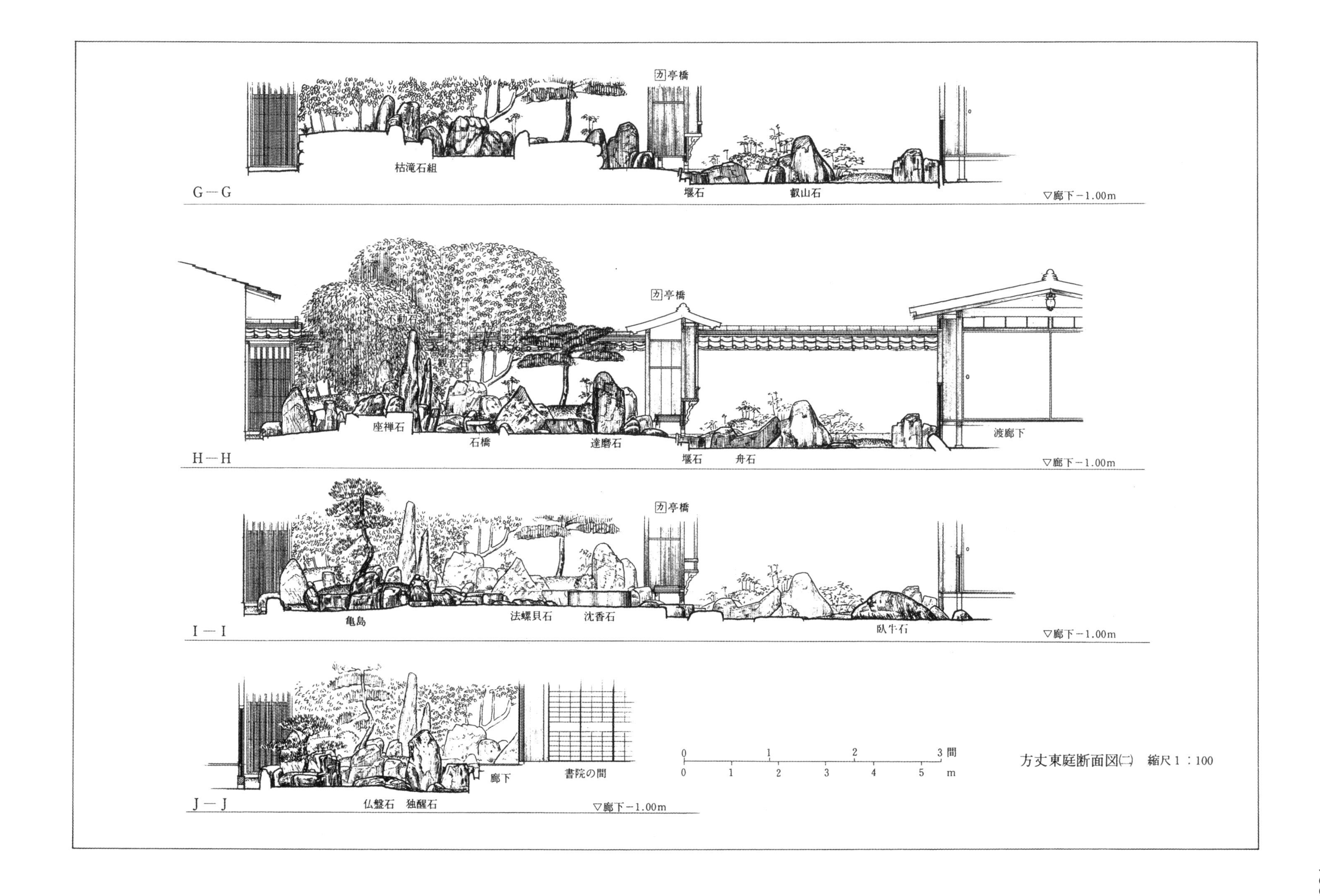

方丈東庭断面図(二)　縮尺1：100

枯滝石組
不動石
観音石
座禅石
亀島
石橋
鶴島
達磨石
力亭橋
仏盤石
独醒石
法螺貝石
沈香石
書院の間
堰石
仏間
舟石
叡山石
礼の間
臥牛石
渡廊下
室中

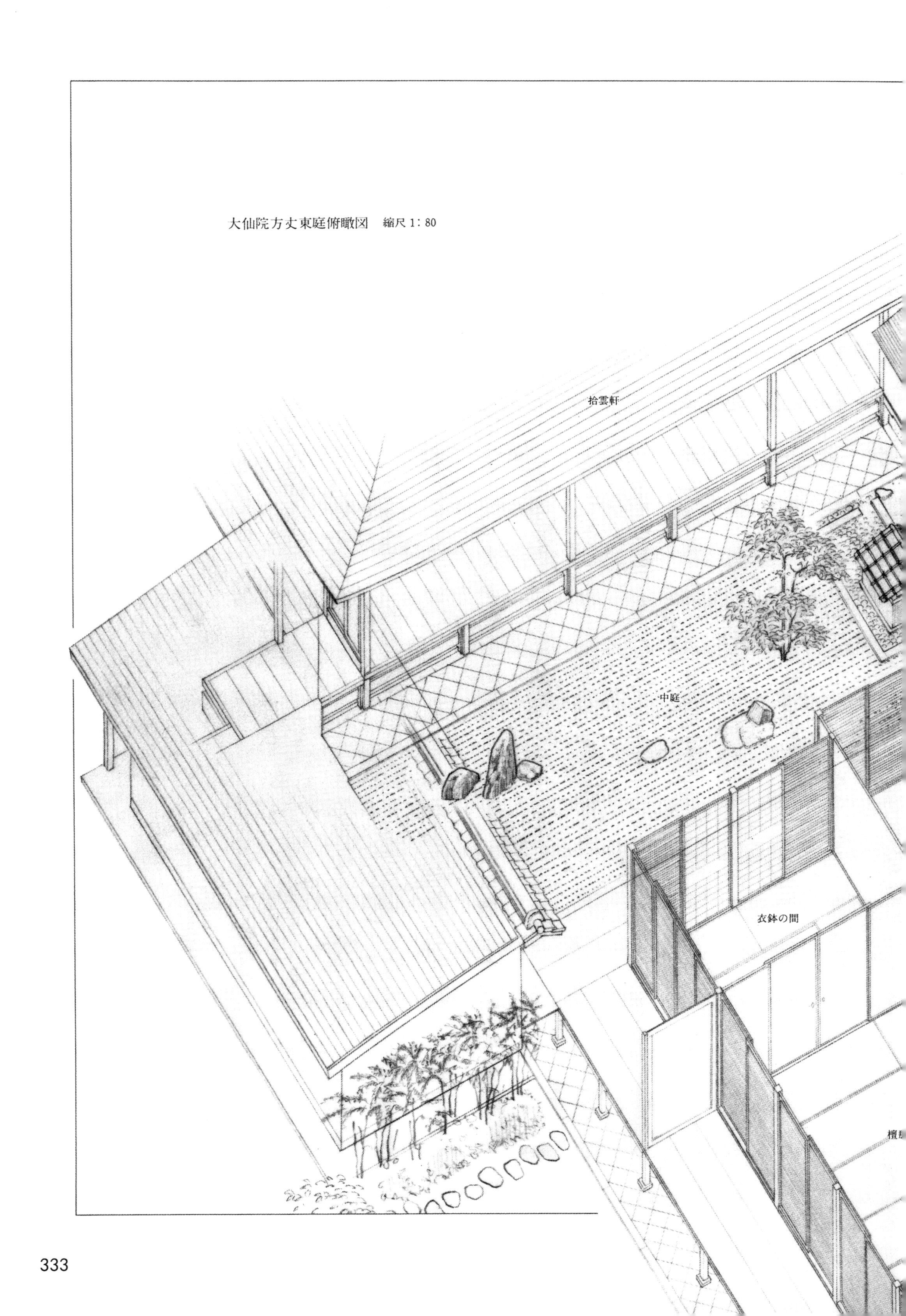
大仙院方丈東庭俯瞰図　縮尺 1：80
拾雲軒
中庭
衣鉢の間
檀